A. Parveen
V.S. Prasanth

Conceber e construir um ambiente incorporado para aplicações robóticas

A. Parveen
V.S. Prasanth

Conceber e construir um ambiente incorporado para aplicações robóticas

ScienciaScripts

Imprint

Cover image: www.ingimage.com

This book is a translation from the original published under ISBN 978-3-659-74204-0.

Publisher:
Sciencia Scripts
is a trademark of
Dodo Books Indian Ocean Ltd. and OmniScriptum S.R.L publishing group

120 High Road, East Finchley, London, N2 9ED, United Kingdom
Str. Armeneasca 28/1, office 1, Chisinau MD-2012, Republic of Moldova, Europe
Managing Directors: Ieva Konstantinova, Victoria Ursu
info@omniscriptum.com

Printed at: see last page
ISBN: 978-620-8-52855-3

ÍNDICE DE CONTEÚDOS

RESUMO

Este projeto tem como objetivo desenvolver um Robô Rover Autónomo que pode ser utilizado para detetar a presença humana em áreas remotas com caraterísticas como a captura de imagem, deteção de som, evitamento automático de objectos e transmissão e controlo através de rede wifi.

Um sistema incorporado consiste num hardware com o software necessário incorporado e concebido para executar uma ou mais funções dedicadas, normalmente com restrições em tempo real. Este projeto resume o procedimento padrão baseado na conceção e construção de um ambiente integrado para aplicações robóticas na "placa de processador ARM LPC2138". O " ARM7TDMI ", tem de controlar periféricos como wifi, UART, sensores de som, sensores de infravermelhos, etc.

LISTA DE ABREVIATURAS

ARM TDMI	Advanced Risc Machine Thumb + debugger + Multiplier + ICE
RISC	Reduced Instruction Set Computer
JTAG	Joint Test Action Group
VGA	Video Graphics Array
LCD	Liquid Crystal Display
CISC	Complex Instruction Set Computer
SRAM	Static Random Access Memory
PC	Personal Computer
CPU	Central Processing Unit
ISP	Internet Service Provider
ADC	Analog to Digital Converter
PWM	Pulse Width Modulation
UART	Universal Asynchronous Receiver Transmitter
SPI	Serial Peripheral Interconnect
PLL	Phase Locked Loop
POR	Power on Reset
BOD	Brown out Detection
AHB	Advanced High Performance Bus
VPB	VLSI Peripheral Bus
I^2C	Inter integrated Circuit
JPEG	Joint Public Enhanced Group
DDRAM	Display Data Random Access Memory
CGRAM	Character Generator Random Access Memory
CGROM	Character Generator Read Only Memory
EEPROM	Electrically Erasable Programmable Read Only Memory
MCU	Micro Controller Unit
TCP/IP	Transmission Control Protocol / Internet Protocol
TX	Transmitter
RX	Receiver
GND	Ground
PIR	Passive Infrared Sensor

CAPÍTULO 1

INTRODUÇÃO

1.1 MOTIVAÇÃO E VISÃO GERAL

O ARM7TDMI-S é um microprocessador de 32 bits de uso geral, que oferece um elevado desempenho e um consumo de energia muito baixo. A arquitetura ARM baseia-se nos princípios do Reduced Instruction Set Computer (RISC) e o conjunto de instruções e o respetivo mecanismo de descodificação são muito mais simples do que os dos Complex Instruction Set Computers microprogramados. Esta simplicidade resulta num elevado débito de instruções e numa impressionante resposta a interrupções em tempo real a partir de um núcleo de processador pequeno e económico.

As técnicas de pipeline são utilizadas para que todas as partes dos sistemas de processamento e de memória possam funcionar continuamente. Normalmente, enquanto uma instrução está a ser executada, a sua sucessora está a ser descodificada e uma terceira instrução está a ser obtida da memória. O processador ARM7TDMI-S também utiliza uma estratégia arquitetónica única conhecida como THUMB, que o torna ideal para aplicações de grande volume com restrições de memória ou aplicações em que a densidade do código é um problema. A ideia-chave subjacente ao THUMB é a de um conjunto de instruções super-reduzido. Essencialmente, o processador ARM7TDMI-S tem dois conjuntos de instruções :

- O conjunto de instruções ARM de 32 bits padrão.
- Um conjunto de instruções THUMB de 16 bits.

O comprimento de instrução de 16 bits do conjunto THUMB permite-lhe aproximar-se do dobro da densidade do código ARM padrão, mantendo a maior parte da vantagem de desempenho do ARM em relação a um processador tradicional de 16 bits que utiliza registos de 16 bits. Isto é possível porque o código THUMB funciona com o mesmo conjunto de registos de 32 bits que o código ARM. O código THUMB é capaz de fornecer até 65% do tamanho do código ARM e 160% do desempenho de um processador ARM equivalente ligado a um sistema de memória de 16 bits.

1.2 PESQUISA BIBLIOGRÁFICA

O "Processador ARM 7" tem de controlar periféricos como WiFi, UART, sensores de som , sensores de infravermelhos, etc. A principal caraterística do microcontrolador ARM 7 é que se trata de uma arquitetura de carregamento e armazenamento baseada em registos com vários modos de funcionamento. Embora o ARM7 seja um microcontrolador de 32 bits, também é capaz de executar um conjunto de instruções de 16 bits, conhecido como "THUMB". Isto ajuda-o a obter uma maior densidade de código e uma maior poupança de energia. Embora todas as instruções de processamento de dados registo a registo sejam de ciclo único, outras instruções, como as instruções de transferência de dados, são de ciclo múltiplo. Para aumentar o desempenho destas instruções, o ARM 7 tem um pipeline de três fases. Devido à simplicidade inerente ao design e à baixa contagem de portas, o ARM 7 é o líder do sector no processamento de baixa potência numa base de watts por MIP. Por último, para ajudar o programador, o núcleo ARM tem uma porta de depuração JTAG incorporada e um "ICE incorporado" no chip que permite que os programas sejam descarregados e totalmente depurados no sistema.

1.3 OBJECTIVOS

Este projeto visa desenvolver um robô rover autónomo que possa ser utilizado para detetar a presença humana em áreas remotas com caraterísticas como

- Captura de imagens
- Deteção de som
- Prevenção automática de objectos e
- Transmissão e controlo através da rede WiFi.

CAPÍTULO 2

REVISÃO DA LITERATURA

2.1 INTRODUÇÃO AO PROCESSADOR ARM7

O ARM7 é uma geração de projectos de processadores ARM. Esta geração introduziu o conjunto de instruções THUMB de 16 bits, que proporciona uma melhor densidade de código em comparação com os modelos anteriores. Os modelos ARM7 mais utilizados implementam a arquitetura ARMv4T, mas alguns implementam a ARMv3 ou a ARMv5TEJ. Todos estes modelos utilizam uma arquitetura Von Newmann, pelo que as poucas versões que incluem uma cache não separam as caches de dados e de instruções.

O processador ARM7TDMI-S é um membro da família ARM de microprocessadores de 32 bits de uso geral. A família ARM oferece um elevado desempenho com um consumo de energia e um número de portas muito reduzidos.

A arquitetura ARM baseia-se nos princípios dos *computadores com um conjunto reduzido de instruções* (*Reduced Instruction Set Computer* - RISC). O conjunto de instruções RISC e o respetivo mecanismo de descodificação são muito mais simples do que os das concepções CISC (*Complex Instruction Set Computer*). Esta simplicidade proporciona:

- Um elevado débito de instruções.
- Uma excelente resposta de interrupção em tempo real.
- Uma macrocélula de processador pequena e económica.

2.2 VISÃO GERAL

Em 26 de abril de 1985, o ARM foi desenvolvido pela Acorn Computers em Cambridge, Inglaterra.

- ARM ou Advanced RISC Machine, utiliza um processador RISC (Reduced Instruction Set Computer) de 32 bits.

- O CPU no coração da família LPC2000 é um ARM7.
- O ARM7 é um computador RISC com um pequeno conjunto de instruções e, consequentemente, uma pequena contagem de portas.
- Tem um elevado desempenho, um baixo consumo de energia e ocupa uma pequena parte da área disponível da matriz de silício.
- No ARM7 é utilizado um pipeline de três fases.
- O ARM7 é uma arquitetura de carregamento e armazenamento.
- O conjunto central de registos é um banco de 16 registos de utilizador R_0 - R_{15}. Cada um destes registos tem 32 bits de largura e R_0 - R_{12} são registos de utilizador na medida em que não têm qualquer outra função específica.
- A CPU ARM7 tem dois conjuntos de instruções:
- Conjunto de instruções ARM com instruções de 32 bits de largura.
- Conjunto de instruções THUMB que tem instruções de 16 bits de largura.
- O conjunto de instruções THUMB é uma forma comprimida do conjunto de instruções ARM.
- Ao compilar o código no conjunto de instruções THUMB, podemos obter uma poupança de espaço de 30%, enquanto o mesmo código compilado como código ARM será executado 40% mais rapidamente.
- O ARM7 foi concebido para funcionar como um processador big-endian ou little-endian.
- A família LPC2000 fixa o endianess do processador como little endian (ou seja, MSB no maior bit addess).
- O microcontrolador Philips LPC2148 funciona com um relógio de 60 MHz.
- Tem 512 KB de memória Flash de programa e 40 KB de SRAM.
- O LPC2148 utiliza o ARM7TDMI como núcleo.

- O T representa o conjunto de instruções Thumb.
- O D significa ARM7 e oferece suporte de depuração no circuito integrado.
- O M significa que a CPU contém uma unidade de multiplicação de hardware.
- O I significa que o hardware de depuração permite a definição de pontos de interrupção e pontos de observação.
- Ler interruptores de alternância usando ARM.
- Multiplicação 32 x 32 em ALP utilizando ARM.
- Ficheiros comuns que são utilizados durante a programação do LCD.
- Contém todas as sub-rotinas necessárias para a utilização do ecrã LCD, como a inicialização do LCD, a visualização de caracteres, a visualização de palavras, etc.
- LPC214X.H - É um ficheiro de cabeçalho comum para os microcontroladores 2141/42/46 fornecidos pelo fabricante Philips.
- Contém o endereço de todos os blocos internos e registos especiais, como os temporizadores e a porta série, por exemplo. # define IODIR0 0XE0028008
- Vetor.S - Contém o código de arranque. Este ficheiro é utilizado para inicializar os valores de PC, SP, temporizadores, etc.
- Flash.Id - É um ficheiro Linker para executar o código a partir da memória flash.
- Ficheiro chamado "Flash.Id" que é um ficheiro de script utilizado para manter o início e o fim do valor predefinido com o tamanho da memória Flash.

2.3 DIAGRAMA DE BLOCO

2.3.1 Diagrama de blocos do ARM7

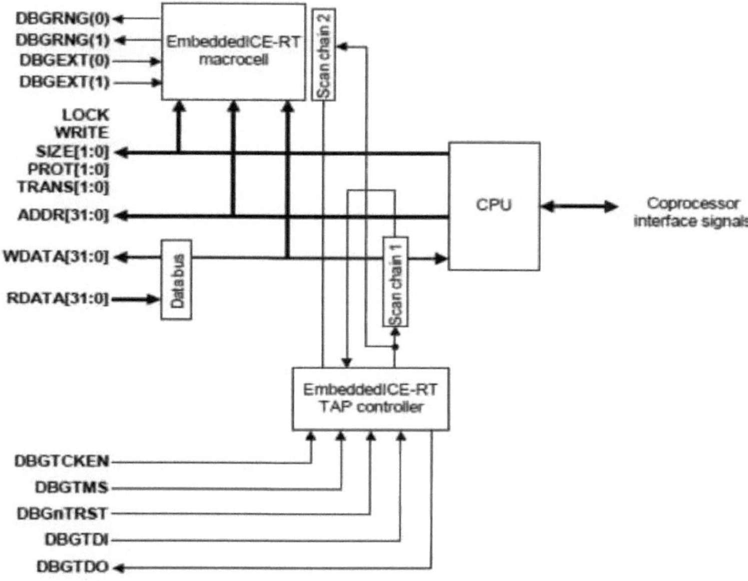

Fig 2.1 Diagrama de blocos do ARM7

2.4 CARACTERÍSTICAS

- Microcontrolador ARM7TDMI-S de 16/32 bits num pequeno formato LQFP64

- 8 / 16 / 32 kB de RAM estática no chip e 32 / 64 / 128 / 256 / 512 kB de memória de programa Flash no chip. A interface / acelerador de 128 bits de largura permite um funcionamento a alta velocidade de 60 MHz.

- Programação no sistema / na aplicação (ISP / IAP) através do software de carregamento de arranque no chip. Apagamento de um sector Flash ou de um chip completo em 400 ms e programação de 256 bytes em 1 ms.

- As interfaces EmbeddedICE® e Embedded Trace oferecem depuração em tempo real com o software RealMontor™ integrado e rastreio de alta velocidade da execução de instruções.

- Um (LPC2131/2) ou dois (LPC2134/6/8) conversores A/D de 8 canais e 10 bits fornecem um total de até 16 entradas analógicas, com tempos de conversão tão baixos quanto 2,44 µs por canal.
- Um único conversor D/A de 10 bits fornece uma saída analógica variável (apenas LPC2132/4/6/8).
- Dois temporizadores de 32 bits / contadores de eventos externos (com quatro canais de captura e quatro canais de comparação cada), unidade PWM (seis saídas) e watchdog.
- Relógio de tempo real de baixa potência com alimentação independente e entrada de relógio dedicada de 32 kHz.
- Múltiplas interfaces de série, incluindo duas UART (16C550), duas Fast 12C (400 kbit/s), SPI™ e SSP com capacidade de armazenamento em buffer e comprimento de dados variável.
- Controlador de interrupções vectoriais com prioridades e endereços vectoriais configuráveis.
- Até 47 pinos de E/S de uso geral tolerantes a 5 V em minúsculo pacote LQFP64.
- Estão disponíveis até nove pinos de interrupção externos sensíveis a bordos ou níveis.
- Relógio da CPU máximo de 60 MHz disponível a partir de PLL (Phase-Locked Loop) programável no chip com tempo de estabilização de 100 µs.
- O oscilador integrado no chip funciona com um cristal externo na gama de 1 MHz a 30 MHz ou com um oscilador externo de 1 MHz a 50 MHz.
- Os modos de poupança de energia incluem o modo inativo e o modo de desativação.
- Ativação/desativação individual de funções periféricas, bem como do relógio periférico Redução de escala para otimização adicional da energia.

- Despertar do processador a partir do modo de desativação através de uma interrupção externa ou de um relógio em tempo real.

- Chip de fonte de alimentação única com circuitos de reinicialização (POR) e de deteção de corte (BOD):

- Gama de tensões de funcionamento da CPU de 3,0 V a 3,6 V (3,3 V ± 10%) com tolerância de 5 V.

- Almofadas de E/S.

2.4.1 Caraterísticas arquitectónicas

O LPC2131/2/4/6/8 é composto por uma CPU ARM7TDMI-S com suporte de emulação, o ARM7 Local Bus para interface com os controladores de memória on-chip, o AMBA Advanced High-performance BUS (AHB) para interface com o controlador de interrupções e o VLSI Peripheral BUS (VPB, um superconjunto compatível do AMBA Advanced Peripheral Bus da ARM) para ligação às funções periféricas on-chip. O LPC2131/2/4/6/8 configura o processador ARM7TDMI-S na ordem de bytes little-endian.

Aos periféricos AHB é atribuída uma gama de endereços de 2 megabytes no topo do espaço de memória ARM de 4 gigabytes. A cada periférico AHB é atribuído um espaço de endereço de 16 kB dentro do espaço de endereço AHB. As funções periféricas do LPC2131/2/4//6/8 (exceto o controlador de interrupções) estão ligadas ao barramento VPB. A ponte AHB para VPB faz a interface entre o barramento VPB e o barramento AHB. Aos periféricos VPB é também atribuída uma gama de endereços de 2 megabytes, com início no ponto de endereço de 3,5 gigabytes. A cada periférico VPB é atribuído um espaço de endereçamento de 16 kB dentro do espaço de endereçamento VPB.

A ligação dos periféricos no chip aos pinos do dispositivo é controlada por um bloco de ligação de pinos. Este deve ser configurado por software para se ajustar aos requisitos específicos da aplicação para a utilização de funções e pinos periféricos.

2.4.2Diagrama de blocos do núcleo ARM7

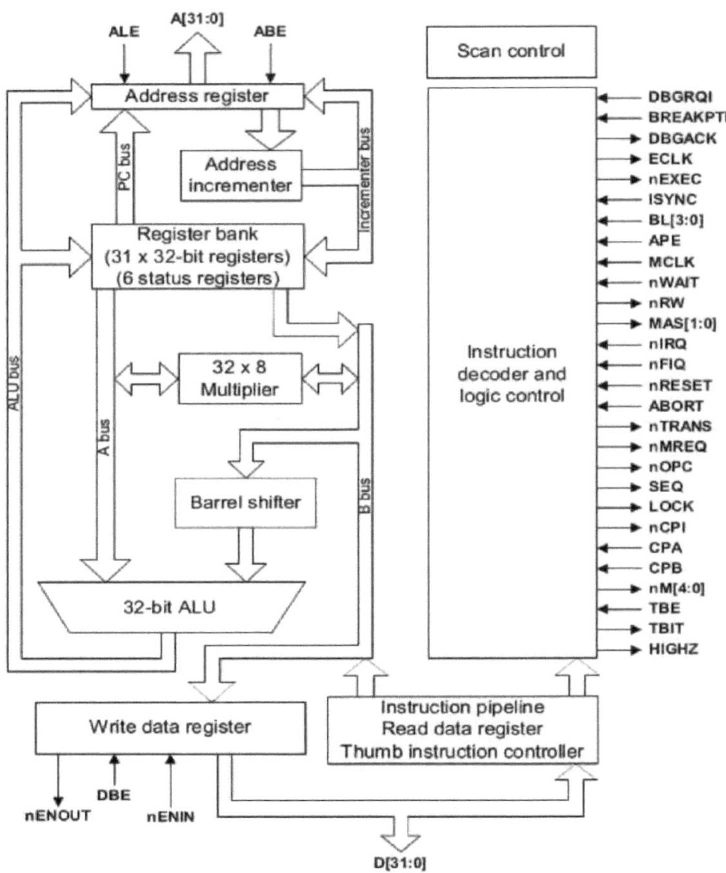

Fig 2.2 Diagrama de blocos do núcleo ARM7

2.5 INTRODUÇÃO AO LPC 2138

Os microcontroladores LPC2131/32/32/36/38 baseiam-se num CPU ARM7TDMI-S de 16/32 bits com emulação em tempo real e suporte de rastreio incorporado, que combina o microcontrolador com 32 kB, 64 kB, 128 kB, 256 kB e 512 kB de memória Flash de alta velocidade incorporada. Uma interface de memória de 128 bits de largura e uma arquitetura de acelerador única permitem a execução de código de 32 bits à velocidade máxima de relógio. Para aplicações de tamanho de código crítico, o modo alternativo Thumb® de 16 bits reduz o código em mais de 30% com uma penalização mínima do desempenho.

Devido ao seu tamanho reduzido e ao baixo consumo de energia, estes microcontroladores são ideais para aplicações em que a miniaturização é um requisito fundamental, como o controlo de acesso e os pontos de venda. Com uma vasta gama de interfaces de comunicações em série e opções de SRAM no chip de 8/16/32 kB, são muito adequados para gateways de comunicação e conversores de protocolos, modems suaves, reconhecimento de voz e imagiologia de baixo nível, proporcionando uma grande capacidade de memória intermédia e um elevado poder de processamento. Vários temporizadores de 32 bits, ADC(s) simples ou duplo(s) de 10 bits com 8 canais, DAC de 10 bits, canais PWM e 47 linhas GPIO com até nove pinos de interrupção externa sensíveis a bordos ou níveis tornam estes microcontroladores particularmente adequados para sistemas de controlo industrial e médicos.

2.6 DIAGRAMA DE BLOCO

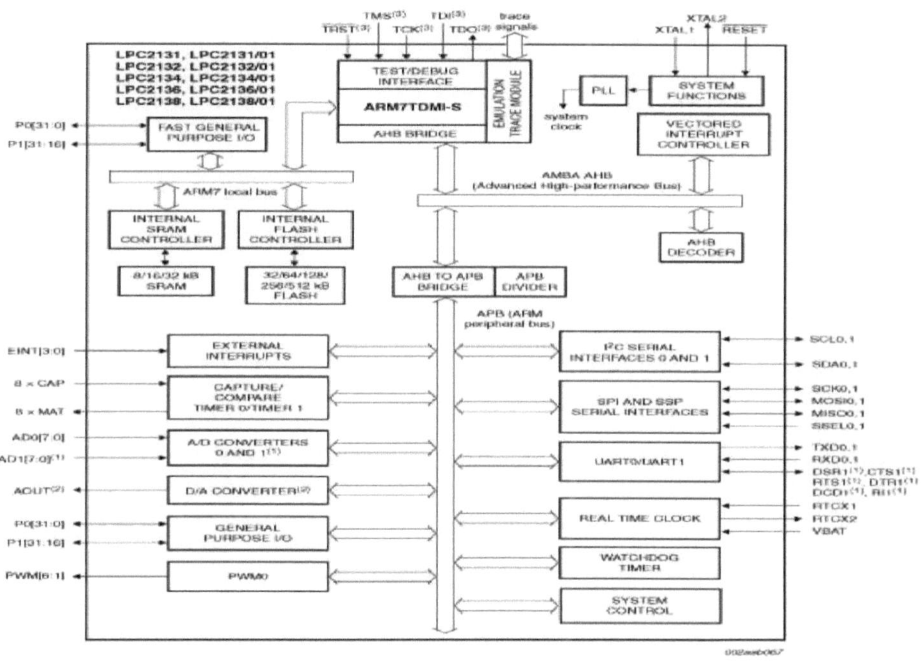

Fig 2.3 Diagrama de blocos da placa LPC 2138

2.7 CARACTERÍSTICAS

2.7.1 Fonte de alimentação

Gama de tensões de funcionamento da CPU de 3,0 V a 3,6 V (3,3 V± 10%) com Almofadas de E/S tolerantes a 5 V.

2.7.2 Fontes de relógio

Relógio da CPU máximo de 60 MHz disponível a partir de PLL (Phase-Locked Loop) programável no chip com tempo de estabilização de 100 μs.

2.7.3 Memória

a) FLASH- 512 KB.

b) SRAM - 32 KB.

2.7.4 Descrição da interface ARM7

Este controlador de E/S estabelecerá a interface da placa com o mundo exterior através de diferentes interfaces. A interface total disponível para o processador ARM7 é explicada em pormenor da seguinte forma.

Lista de interfaces para ARM7:

1. FLASH
2. SRAM
3. Interface I^2C
4. SPI

FLASH

A memória FLASH de 512 kB está ligada ao processador ARM7.

SRAM

A memória SRAM de 32 kB está ligada ao processador ARM7.

Interface I^2C

O barramento I^2C pode ser utilizado para fins de ensaio e diagnóstico.

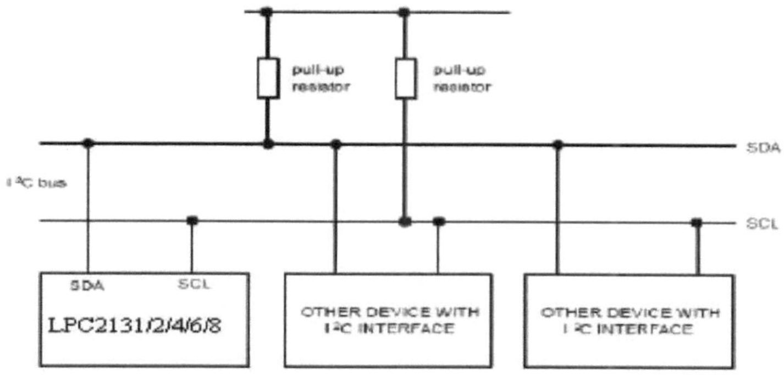

Fig 2.4 Configuração do barramento I^2C

Interface SPI

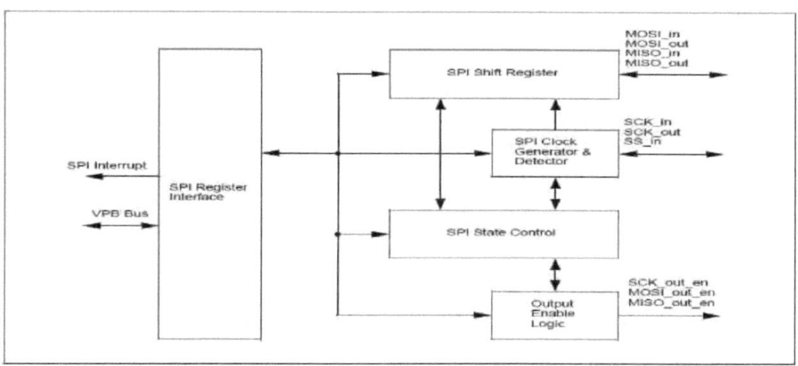

Fig 2.5 Diagrama de blocos da interface SPI

A SPI é uma interface série full duplex. Pode suportar múltiplos mestres e escravos ligados a um determinado barramento. Apenas um único mestre e um único escravo podem comunicar na interface durante uma determinada transferência de dados. Durante uma transferência de dados, o mestre envia sempre 8 a 16 bits de dados para o escravo e o escravo envia sempre um byte de dados para o mestre.

2.7.5MAPA DE MEMÓRIA ARM7

Tabela 2.1 Localizações do vetor de exceção ARM

Endereço	Exceção

0x0000 0000	Reiniciar
0x0000 0004	Instrução indefinida
0x0000 0008	Interrupção de software
0x0000 000C	Prefetch Abort (falha de memória na busca de instruções)
0x0000 0010	Abortar dados (falha na memória de acesso aos dados)
0x0000 0014	Reservado Nota: Identificada como reservada na documentação do ARM, esta localização é utilizada pelo Gestor de Arranque como a chave de Programa de Utilizador Válido. Isto é descrito em pormenor no capítulo "Sistema de Memória Flash e Programação" na página 216.
0x0000 0018	IRQ
0x0000 001C	FIQ

Tabela 2.2 Modos de mapeamento de memória do LPC 2138

Endereço	**Exceção**	**Utilização**
Bota	Hardware	O Gestor de Arranque executa sempre qualquer reinicialização. O carregador de arranque
Carregador	ativação por qualquer	Os vectores de interrupção de bloco são mapeados para a parte inferior do
modo	Reiniciar	memória para permitir o tratamento de excepções e a utilização de interrupções durante o processo de carregamento do arranque.
Flash do utilizador	Ativação de software	Ativado pelo carregador de arranque quando um programa de utilizador válido
modo	por Boot code	A assinatura é reconhecida na memória e a operação do carregador de arranque não é forçada. Os vectores de interrupção não são re-mapeados e encontram-se na parte inferior da memória Flash.
RAM do utilizador	Ativação de software	Ativado por um programa de utilizador, conforme desejado. Vectores de interrupção

modo	por Programa de utilizador	são re-mapeados para a parte inferior da RAM estática.

CAPÍTULO 3

INTRODUÇÃO DA CÂMARA VGA C328R

3.1 DIAGRAMA DE BLOCO

O C328R é um módulo de câmara VGA que executa uma câmara fotográfica com compressão JPEG e pode ser ligado a um anfitrião sem fios ou a um PDA. Os utilizadores podem enviar um comando de instantâneo a partir do anfitrião para captar uma imagem de fotograma único com resolução total. A imagem é então comprimida pelo motor JPEG e transferida para o anfitrião através da porta de série.

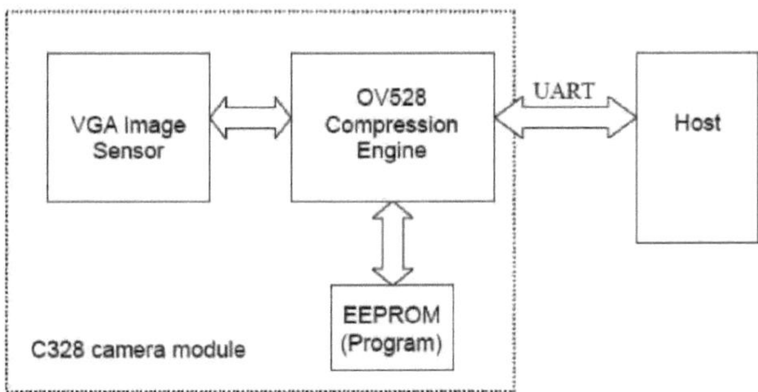

Fig 3.1 C328R Diagrama de blocos

3.2 CARACTERÍSTICAS

- Tamanho pequeno, 20 x 28 mm
- Resolução VGA, amostragem descendente para VGA ou CIF
- Funcionamento a 3,3 V
- Baixo consumo de energia 60mA
- Comandos de fácil utilização para controlar o módulo
- Interface UART de até 115,2 Kbps
- Detetar automaticamente a taxa de transmissão e estabelecer ligação ao anfitrião
- Modo de poupança de energia

- Várias opções de lentes

3.3 CONFIGURAÇÃO DO SISTEMA

3.3.1SENSOR DE CÂMARA

O módulo C328R utiliza CameraChips digitais a cores OmniVision VGA com uma interface YCbCr de 8 bits.

3.3.2PONTE SÉRIE OV528

O OV528 Serial Bridge é um chip controlador JPEG CODEC incorporado que pode comprimir e transferir dados de imagem de chips de câmara para um dispositivo externo. A interface da câmara sincroniza-se com os dados de vídeo de entrada e executa as funções de amostragem descendente, fixação e janelamento com a resolução pretendida, bem como a conversão de cores solicitada pelo utilizador através de comandos do anfitrião do barramento de série.

O CODEC JPEG pode atingir um rácio de compressão mais elevado e uma melhor qualidade de imagem para várias resoluções de imagem.

3.3.3PROGRAMA EEPROM

Uma memória de programa de tipo série está incorporada no C328R para fornecer um conjunto de interface de comandos de fácil utilização para o anfitrião externo.

Layout da placa

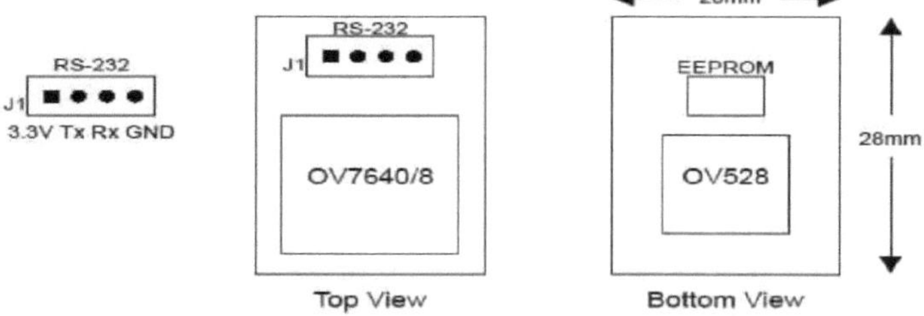

Fig 3.2 Disposição da placa C328R e atribuição dos pinos da interface série

3.4 INTERFACE DE SÉRIE

3.4.1Diagrama de temporização de byte único

Uma transmissão RS-232 de byte único consiste no bit de início, no conteúdo de 8 bits e no bit de paragem. Um bit de início é sempre 0, enquanto um bit de paragem é sempre 1. O LSB é enviado primeiro e está à direita após o bit de início.

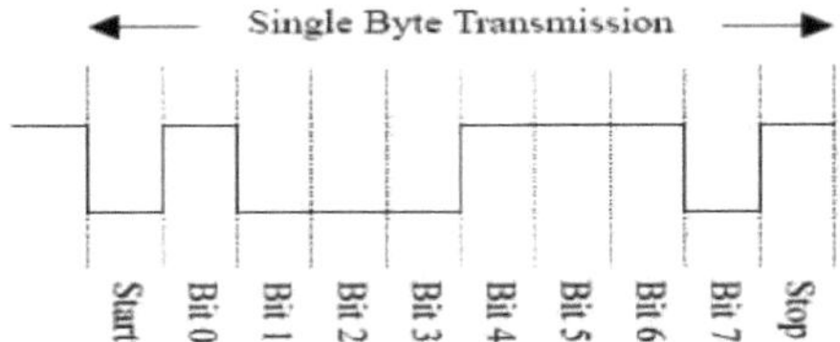

Fig 3.3 Diagrama de temporização de byte único RS - 232

3.4.2Diagrama de temporização do comando

Um único comando consiste em 6 transmissões contínuas de byte único RS-232. O seguinte é um exemplo do comando SYNC (AA0D00000000h).

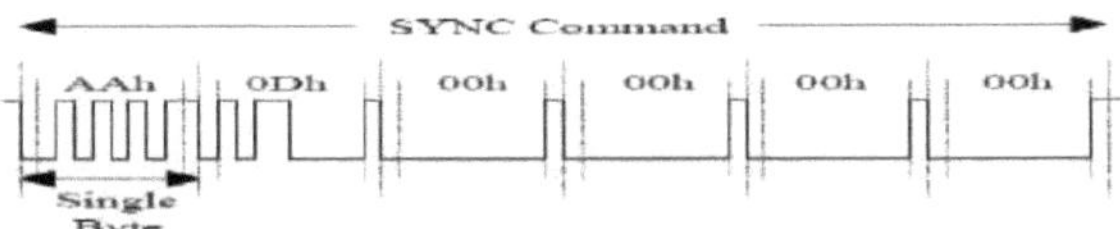

Fig 3.4 Diagrama de temporização do comando SYNC RS - 232

3.4.3Conjunto de comandos

O módulo C328R suporta um total de 11 comandos para estabelecer a interface com o anfitrião, como se segue:

Tabela 3.1 Conjunto de comandos

Command	ID Number	Parameter1	Parameter2	Parameter3	Parameter4
Initial	AA01h	00h	Color Type	RAW Resolution (Still image only)	JPEG Resolution
Get Picture	AA04h	Picture Type	00h	00h	00h
Snapshot	AA05h	Snapshot Type	Skip Frame Low Byte	Skip Frame High Byte	00h
Set Package Size	AA06h	08h	Package Size Low Byte	Package Size High Byte	00h
Set Baudrate	AA07h	1st Divider	2nd Divider	00h	00h
Reset	AA08h	Reset Type	00h	00h	xxh*
Power Off	AA09h	00h	00h	00h	00h
Data	AA0Ah	Data Type	Length Byte 0	Length Byte 1	Length Byte 2
SYNC	AA0Dh	00h	00h	00h	00h
ACK	AA0Eh	Command ID	ACK counter	00h / Package ID Byte 0	00h / Package ID Byte 1
NAK	AA0Fh	00h	NAK counter	Error Number	00h
Light Frequency	AA13h	Frequency Type	00h	00h	00h

* Se o parâmetro for 0xFF, o comando é um comando de reposição especial e o firmware responde-lhe imediatamente.

3.4.3.1 Inicial (AA01h)

O anfitrião emite este comando para configurar o tamanho da imagem de pré-visualização e o tipo de cor. Depois de receber este comando, o módulo enviará um comando ACK ao anfitrião se a configuração for bem sucedida. Caso contrário, será enviado um comando NACK.

3.4.3.1.1 Tipo de cor

O C328R pode suportar 6 tipos de cores diferentes, como se segue:

1 able 3.2 Tipo de cor

2 - bit Escala de cinzento 01h

4 - bit Escala de cinzento 02h

8 - bit Escala de cinzento 03h

12 - bit Escala de cinzento 05h

16 - bit Escala de cinzento 06h

JPEG 07h

3.4.3.1.2 Resolução de pré-visualização

Tabela 3.3 Resolução de pré-visualização

80 x 60 01h

160 x 120	03h

3.4.3.1.3 Resolução JPEG

Uma vez que o código JPEG incorporado só pode suportar múltiplos de 16, o modo de pré-visualização JPEG pode suportar os seguintes tamanhos de imagem. É diferente do modo de pré-visualização normal.

Tabela 3.4 Resolução JPEG

80 x 64	01h
160 x 128	03h
320 x 240	05h
640 x 480	07h

3.4.3.2 Obter imagem (AA04h)

O anfitrião obtém uma imagem do C328R enviando este comando.

3.4.3.2.1 Tipo de imagem

Quadro 3.5 Tipo de imagem

Foto instantânea	01h
Imagem de antevisão	02h
Imagem de pré-visualização JPEG	05h

3.4.3.3 Instantâneo (AA05h)

O C328R mantém um único fotograma de dados de imagens fixas JPEG na memória intermédia depois de receber este comando.

3.4.3.3.1 Tipo de instantâneo

Quadro 3.6 Tipo de instantâneo

Imagem comprimida 00h

Imagem não comprimida 01h

3.4.3.3.2 Saltar contador de fotogramas

O número de fotogramas perdidos pode ser definido antes de ocorrer a compressão. "0" mantém o fotograma atual, "1" captura o fotograma seguinte, e assim sucessivamente.

3.4.3.4 Definir o tamanho do pacote (AA06h)

O anfitrião emite este comando para alterar o tamanho do pacote de dados que é utilizado para transmitir dados de imagens JPEG do C328R para o anfitrião. Este comando deve ser emitido antes de enviar o comando Snapshot ou o comando Get Picture para o C328R. Note-se que o tamanho do último pacote varia para imagens diferentes.

3.4.3.4.1 Tamanho da embalagem

O tamanho predefinido é de 64 bytes e o tamanho máximo é de 512 bytes.

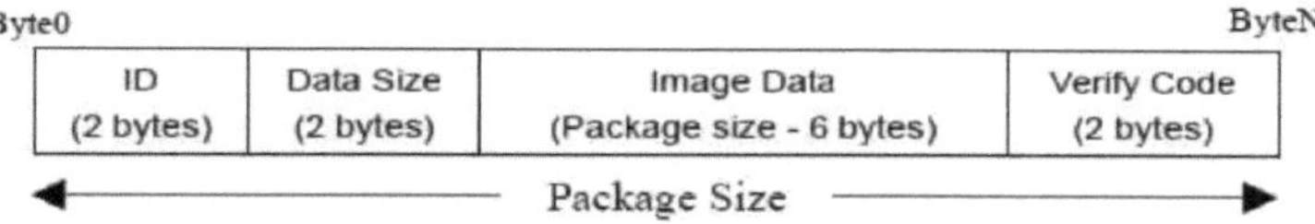

Fig 3.5 Tamanho da embalagem

Tabela 3.7 Tamanho da embalagem

ID ->ID do pacote, começa em zero para uma imagem

Tamanho dos dados-> Tamanho dos dados da imagem no pacote

Verificar código -> Código de deteção de erros, igual ao byte inferior da soma de

todos os dados do pacote, exceto o campo do código de verificação. O byte mais elevado deste código é sempre zero.

ou seja, verificar código = lowbyte(soma(byte[0] a byte[N-2]))

3.4.3.5 Definir taxa de transmissão (AA07h)

Defina a taxa de transmissão do C328R emitindo este comando. Como o módulo pode detetar automaticamente a taxa de transmissão do comando de entrada, o anfitrião pode estabelecer a ligação com uma das seguintes taxas de transmissão da tabela. O módulo continuará a utilizar a taxa de transmissão detectada até ser fisicamente desligado.

3.4.3.5.1 Divisor de taxa de transmissão

Taxa de transmissão = 14,7456MHz / 2 x (2nd divisor + 1) / 2 x (1st divisor +1)

Tabela 3.8 Divisor de taxa de transmissão

Baudrate	1st Divider	2nd Divider	Baudrate	1st Divider	2nd Divider
7200 bps	ffh	01h	28800 bps	3fh	01h
9600 bps	bfh	01h	38400 bps	2fh	01h
14400 bps	7fh	01h	57600 bps	1fh	01h
19200 bps	5fh	01h	115200 bps	0fh	01h

3.4.3.6 Reposição (AA08h)

O anfitrião reinicia o C328R emitindo este comando.

3.4.3.6.1 Tipo de reposição

"00h" reinicia todo o sistema. O C328R reiniciará e reinicializará todos os registos e máquinas de estado. "01h" reinicia apenas as máquinas de estado.

3.4.3.7 Desligar (AA09h)

O C328R entrará em modo de suspensão após a receção deste comando. O comando SYNC (AA0Dh) deve ser enviado para acordar o C328R durante um certo período até receber o comando ACK do C328R.

3.4.3.8 DADOS (AA0AH)

O C328R emite este comando para indicar ao anfitrião o tipo e o tamanho dos dados de imagem que estão prontos para serem transmitidos ao anfitrião.

Tabela 3.9 Tipo de dados

Foto instantânea	01h
Imagem de antevisão	02h
Imagem de pré-visualização JPEG	05h

3.4.3.8.1 Comprimento

Estes três bytes representam o comprimento dos dados da imagem instantânea, da imagem de pré-visualização ou da imagem de pré-visualização JPEG.

3.4.3.9 SYNC (AA0Dh)

Tanto o anfitrião como o C328R podem emitir este comando para estabelecer a ligação. Um comando ACK deve ser enviado após a receção deste comando.

3.4.3.10 ACK (AA0Eh)

Este comando indica o êxito da última operação. Depois de receber qualquer comando válido, o comando ACK tem de ser enviado, exceto quando se obtêm dados de pré-visualização. O anfitrião pode emitir este comando para solicitar um pacote de dados de imagem com o ID de pacote pretendido após receber o comando Data do C328R. O anfitrião deve enviar este comando com o ID de pacote F0F0h depois de receber um pacote para terminar a transferência do pacote. Note-se que o campo "ID do comando" deve ser 00h quando se solicita um pacote de dados de imagem.

3.4.3.10.1 ID do comando

O comando com esse ID é confirmado por este comando.

3.4.3.10.2 Contador ACK

Sem utilidade.

3.4.3.10.3 ID do pacote

Para confirmar o comando Data, estes dois bytes representam o ID do pacote solicitado. Para confirmar outros comandos, estes dois bytes são definidos para 00h.

3.4.3.11 NAK (AA0Fh)

Este comando indica uma transmissão corrompida ou caraterísticas não suportadas.

3.4.3.11.1 Contador NAK

Sem utilidade.

3.4.3.11.2 Número de erro

Tabela 3.10 Número do erro

Erro de tipo de imagem	01 h	Erro de parâmetro	0bh
Imagem à escala	02h	Tempo limite do registo de envio	0ch
Erro de escala da imagem	03h	Comando ID Erro	0dh
Resposta inesperada	04h	Imagem não pronta	0fh
Tempo limite de envio de imagens	05h	Erro no número do pacote de transferência	10h
Comando inesperado	06h	Definir o tamanho do pacote de transferência errado	11h
SRAM Tipo JPEG	07h	Erro no cabeçalho do comando	F0h
Erro de tamanho JPEG da SRAM	08h	Erro de comprimento do comando	F1h
Erro de formato de imagem	09h	Erro de envio de imagem	F5h
Erro de tamanho da imagem	0ah	Erro de comando de envio	ffh

3.4.3.12 FREQUÊNCIA DA LUZ (AA13h)

O anfitrião emite este comando para alterar a frequência de luz do C328R.

Tabela 3.11 Tipo de frequência de luz

50Hz	00h
60Hz	01h

3.4.4 Protocolo de comando

3.4.4.1 Comando SYNC

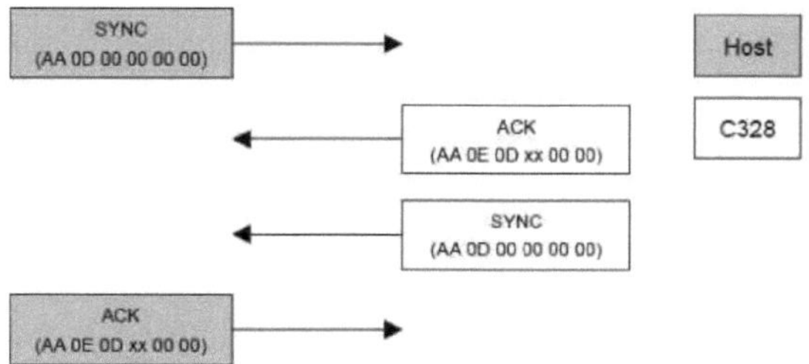

Fig 3.6 Comando Sync

3.4.4.2 Estabelecer ligação com o C328R

Enviar o comando SYNC (a 14400 bps) até receber o comando ACK do C328R (normalmente um comando ACK é recebido após o envio de 25 vezes do comando SYNC). Isto deve ser efectuado após a ligação.

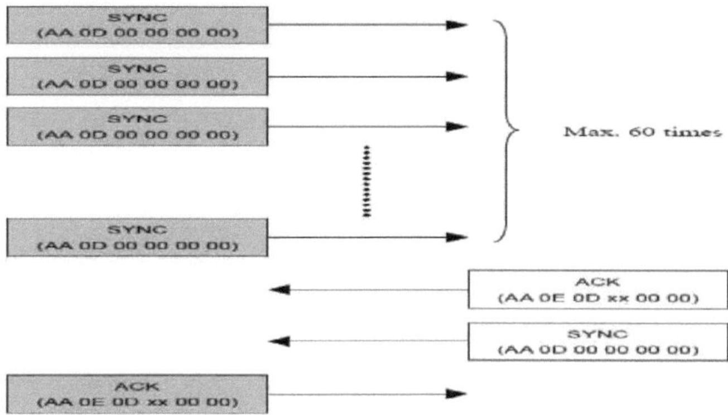

Fig 3.7 Estabelecer ligação com C328R

3.4.4.3 Initial , Get Picture , Snapshot , Set Package Size , Set Baudrate , Comando de reinicialização e de desligamento.

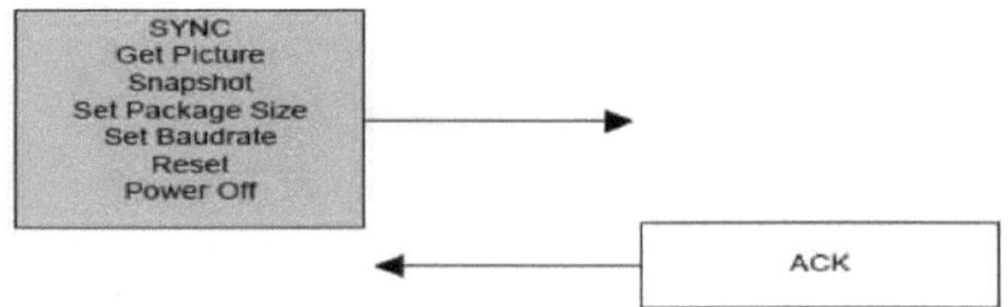

Fig 3.8 Inicial, getpicture, snapshot, setpackagesize, set baudrate, reset & power off

3.4.4.4 Obter instantâneo para RS232

Certifique-se de que a ligação é efectuada antes da comunicação seguinte.

3.4.4.4.1 Imagem instantânea JPEG (por exemplo, resolução 640 x 480)

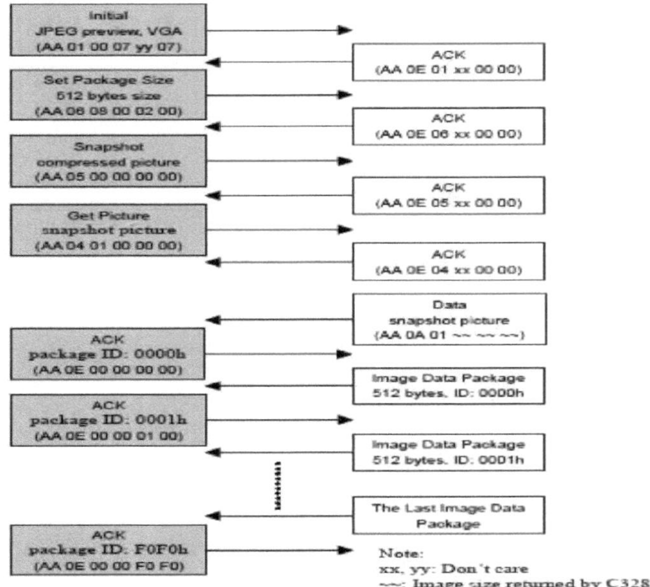

Fig 3.9 Imagem instantânea JPEG (resolução 640 x 480)

3.4.4.4.2 Imagem instantânea (Imagem instantânea não comprimida)

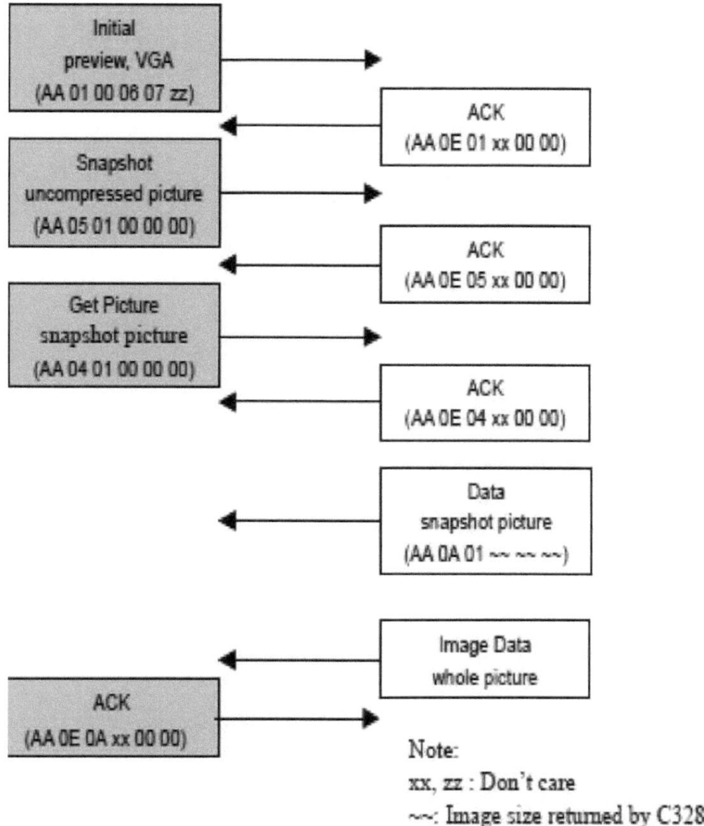

Fig 3.10 Imagem instantânea (sem compressão)

3.4.4.5 Obter imagens de pré-visualização JPEG (vídeo) para RS232

Certifique-se de que a ligação é efectuada antes da comunicação seguinte.

3.4.4.5.1 Imagem de pré-visualização JPEG

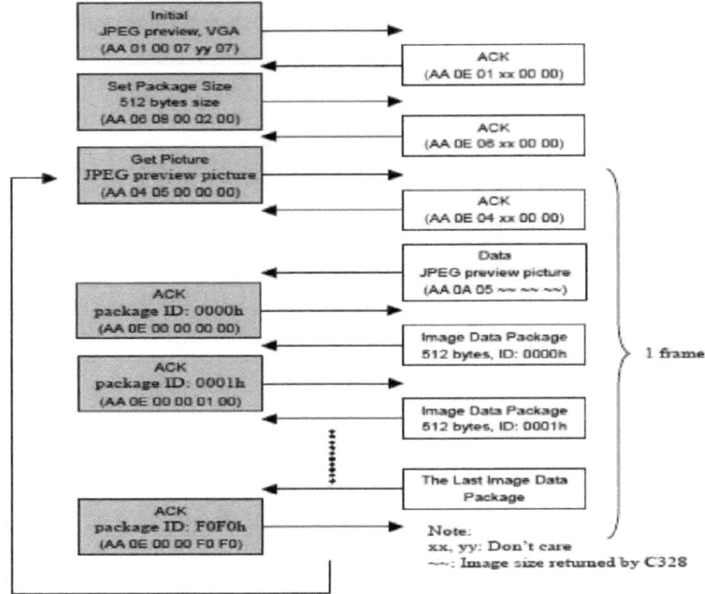

Fig 3.11 Imagem de pré-visualização JPEG

3.4.4.5.2 Imagem de pré-visualização (imagem de pré-visualização não comprimida)

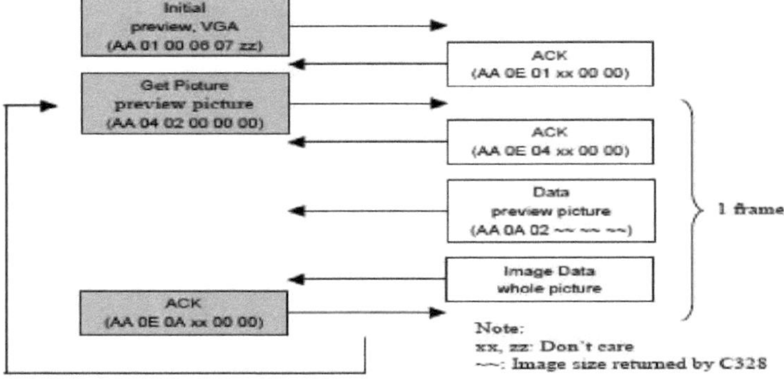

Fig 3.12 Imagem de pré-visualização (sem compressão)

CAPÍTULO 4

INTRODUÇÃO AO HD44780U LCD

4.1 DIAGRAMA DE BLOCO

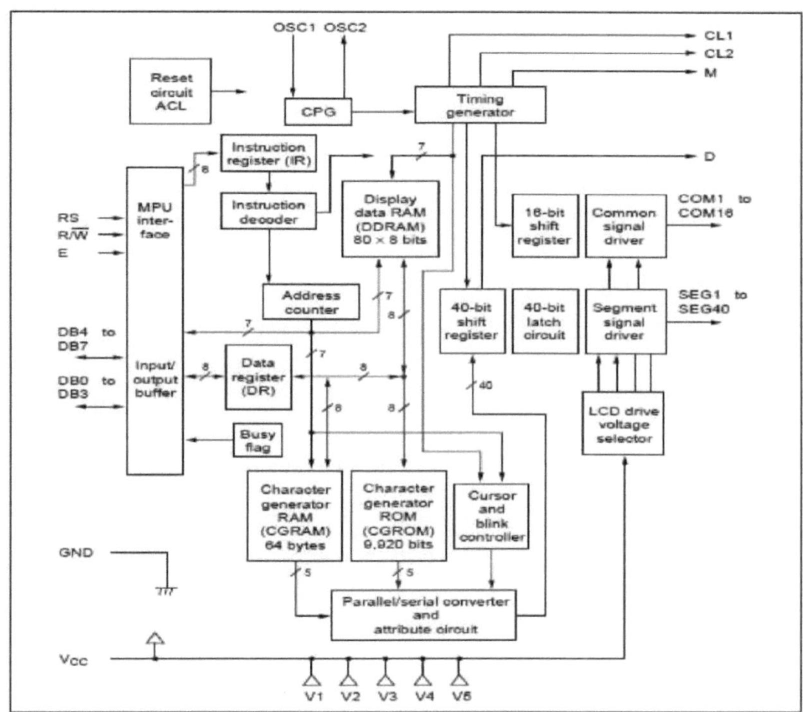

Fig 4.1 LCD de matriz de pontos HD44780U

O controlador de ecrã de cristais líquidos de matriz de pontos HD44780U e o controlador LSI apresentam alfanuméricos, caracteres kana japoneses e símbolos. Pode ser configurada para controlar um ecrã de cristais líquidos de matriz de pontos sob o controlo de um microprocessador de 4 ou 8 bits. Uma vez que todas as funções, como a RAM do ecrã, o gerador de caracteres e o controlador de cristais líquidos, necessárias para acionar um ecrã de cristais líquidos de matriz de pontos são fornecidas internamente num único chip, é possível ligar um sistema mínimo a este controlador/condutor.

Um único HD44780U pode apresentar até uma linha de 8 caracteres ou duas linhas de 8 caracteres. O HD44780U tem compatibilidade de funções com o HD44780S, o que permite ao utilizador do substituir facilmente um LCD-II por um HD44780U. A ROM do gerador de caracteres do HD44780U é alargada para gerar 208 fontes de caracteres de 5 x 8 pontos e 32 fontes de caracteres de 5 x 10 pontos, num total de 240 fontes de caracteres diferentes. A fonte de alimentação de baixa potência (2,7 V a 5,5 V) do HD44780U é adequada para qualquer produto portátil acionado por bateria que exija uma baixa dissipação de energia.

4.2 CARACTERÍSTICAS

- Possibilidade de matriz de pontos 5 x 8 e 5 x 10
- Suporte para funcionamento a baixa potência: 2,7 a 5,5 V
- Ampla gama de potência do controlador do ecrã de cristais líquidos: 3,0 a 11V
- Forma de onda do acionamento de cristais líquidos : A (forma de onda CA de frequência de uma linha)
- Corresponde à interface de barramento MPU de alta velocidade: 2 MHz (quando VCC = 5V)
- Interface MPU de 4 ou 8 bits activada
- 80 x 8 bits de RAM de ecrã (80 caracteres no máximo)
- Gerador de caracteres ROM de 9.920 bits para um total de 240 fontes de caracteres: 208

- 208 fontes de caracteres (5 x 8 pontos)
- 32 fontes de caracteres (5 x 10 pontos)
- 64 x 8-bit gerador de caracteres RAM
- Tipos de letra de 8 caracteres (5 x 8 pontos)
- Fontes de 4 caracteres (5 x 10 pontos)

- Controlador de ecrã de cristais líquidos de 16 comuns x 40 segmentos

- Ciclos de funcionamento programáveis
  - 1/8 para uma linha de 5 x 8 pontos com cursor
  - 1/11 para uma linha de 5 x 10 pontos com cursor
  - 1/16 para duas linhas de 5 x 8 pontos com cursor
- Ampla gama de funções de instrução:
  - Limpar ecrã, cursor home, ecrã on/off, cursor on/off, ecrã
  - Piscar de caracteres, deslocação do cursor, deslocação do ecrã
- Compatibilidade da função de pinos com HD44780S
- Circuito de reinicialização automática que inicializa o controlador/driver após a ligação
- Oscilador interno com resistências externas
- Baixo consumo de energia

4.3 Disposição dos pinos do HD44780U (FP-80B)

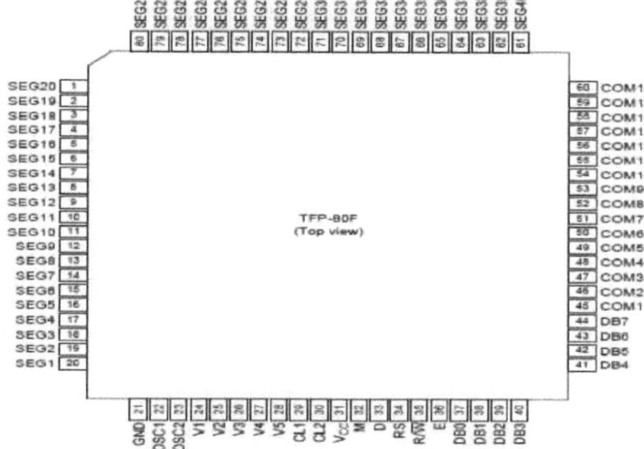

Fig 4.2 Disposição dos pinos do HD44780U

4.4 Disposição das almofadas HD44780U

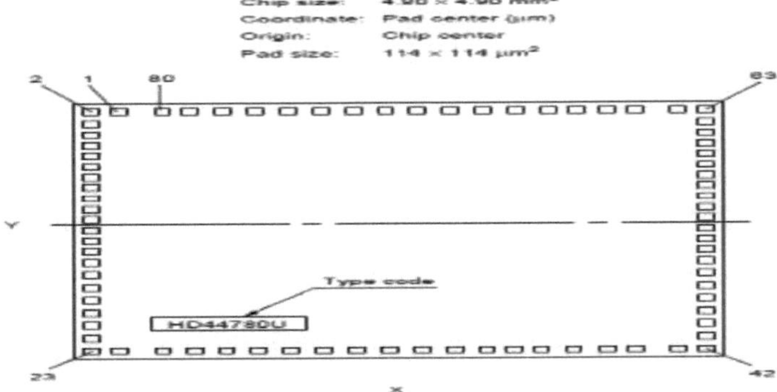

Fig 4.3 Disposição das almofadas HD44780U

4.5 FUNÇÕES DOS PINOS

Signal	No. of Lines	I/O	Device Interfaced with	Function
RS	1	I	MPU	Selects registers. 0: Instruction register (for write) Busy flag: address counter (for read) 1: Data register (for write and read)
R/$\overline{W}$	1	I	MPU	Selects read or write. 0: Write 1: Read
E	1	I	MPU	Starts data read/write.
DB4 to DB7	4	I/O	MPU	Four high order bidirectional tristate data bus pins. Used for data transfer and receive between the MPU and the HD44780U. DB7 can be used as a busy flag.
DB0 to DB3	4	I/O	MPU	Four low order bidirectional tristate data bus pins. Used for data transfer and receive between the MPU and the HD44780U. These pins are not used during 4-bit operation.
CL1	1	O	Extension driver	Clock to latch serial data D sent to the extension driver
CL2	1	O	Extension driver	Clock to shift serial data D
M	1	O	Extension driver	Switch signal for converting the liquid crystal drive waveform to AC
D	1	O	Extension driver	Character pattern data corresponding to each segment signal
COM1 to COM16	16	O	LCD	Common signals that are not used are changed to non-selection waveforms. COM9 to COM16 are non-selection waveforms at 1/8 duty factor and COM12 to COM16 are non-selection waveforms at 1/11 duty factor.
SEG1 to SEG40	40	O	LCD	Segment signals
V1 to V5	5	—	Power supply	Power supply for LCD drive V_{cc} –V5 = 11 V (max)
V_{cc}, GND	2	—	Power supply	V_{cc}: 2.7V to 5.5V, GND: 0V
OSC1, OSC2	2	—	Oscillation resistor clock	When crystal oscillation is performed, a resistor must be connected externally. When the pin input is an external clock, it must be input to OSC1.

Tabela 4.1 Funções dos pinos

4.6 DESCRIÇÃO DA FUNÇÃO

4.6.1REGISTOS

O HD44780U tem dois registos de 8 bits, um registo de instruções (IR) e um registo de dados (DR). O IR armazena códigos de instrução, como limpar o ecrã e deslocar o cursor, e informações de endereço para a RAM de dados do ecrã (DDRAM) e a RAM do gerador de caracteres (CGRAM). O IR só pode ser escrito a partir da MPU.

O DR armazena temporariamente dados a serem escritos na DDRAM ou CGRAM e armazena temporariamente dados a serem lidos da DDRAM ou CGRAM. Os dados escritos no DR a partir da MPU são automaticamente escritos na DDRAM ou CGRAM por uma operação interna. O DR também é utilizado para armazenamento de dados quando se lêem dados da DDRAM ou da CGRAM. Quando a informação de endereço é escrita no IR, os dados são lidos e depois armazenados no DR a partir da DDRAM ou CGRAM através de uma operação interna. A transferência de dados entre a MPU é então concluída quando a MPU lê o DR. Após a leitura, os dados na DDRAM ou CGRAM no endereço seguinte são enviados para o DR para a próxima leitura da MPU. Através do sinal de seleção de registo (RS), estes dois registos podem ser selecionados.

4.6.2SINALIZADOR DE OCUPADO (BF)

Quando o sinalizador de ocupado é 1, o HD44780U está no modo de operação interno e a próxima instrução não será aceite. Quando RS = 0 e R / = 1, a saída da bandeira de ocupado para DB7. A próxima instrução deve ser escrita depois de garantir que o sinalizador de ocupado é 0.

4.6.3CONTADOR DE ENDEREÇOS (AC)

O contador de endereços (AC) atribui endereços à DDRAM e à

CGRAM. Quando um endereço de uma instrução é escrito no IR, a informação de endereço é enviada do IR para o AC. A seleção da DDRAM ou da CGRAM é também determinada simultaneamente pela instrução. Depois de escrever na (ler da) DDRAM ou CGRAM, o AC é automaticamente incrementado por 1 (decrementado por 1). O conteúdo do AC é então enviado para DB0 a DB6 quando RS = 0 e R / w = 1.

4.6.4MEMÓRIA RAM DE DADOS DO ECRÃ (DDRAM)

A RAM de dados do ecrã (DDRAM) armazena dados do ecrã representados em códigos de caracteres de 8 bits. A sua capacidade alargada é de 80 x 8 bits, ou seja, 80 caracteres. A área da RAM de dados do ecrã (DDRAM) que não é utilizada para o ecrã pode ser utilizada como RAM de dados gerais. Ver a Figura 1 para as relações entre os endereços da DDRAM e as posições no ecrã de cristais líquidos. O endereço da DDRAM (ADD) é definido no contador de endereços (AC) em hexadecimal.

- Ecrã de 1 linha (N=0)

- Quando existem menos de 80 caracteres no ecrã, o ecrã começa na posição da cabeça. Por exemplo, se utilizar apenas a HD44780, são apresentados 8 caracteres. Quando a operação de mudança de ecrã é executada, o endereço DDRAM muda.

- Ecrã de 2 linhas (N=1)

- Caso 1: Quando o número de caracteres de visualização é inferior a 40 x 2 linhas, as duas linhas são apresentadas a partir da cabeça. Note-se que o endereço de fim da primeira linha e o endereço de início da segunda linha não são consecutivos. Por exemplo, quando apenas o HD44780 é utilizado, são apresentados 8 caracteres x 2 linhas. Quando a operação de mudança de ecrã é executada, o endereço DDRAM muda.

- Caso 2: Para um ecrã de 16 caracteres x 2 linhas, o HD44780 pode ser expandido utilizando um controlador de extensão de 40 saídas. Quando a operação de mudança de ecrã é executada, o endereço DDRAM muda.

4.6.5GERADOR DE CARACTERES ROM (CGROM)

O gerador de caracteres ROM gera padrões de caracteres de 5 x 8 pontos ou 5 x 10 pontos a partir de códigos de caracteres de 8 bits (quadro 4). Pode gerar 208 padrões de caracteres de 5 x 8 pontos e 32 padrões de caracteres de 5 x 10 pontos. Estão também disponíveis padrões de caracteres definidos pelo utilizador através da ROM programada por máscara.

4.6.6GERADOR DE CARACTERES RAM (CGRAM)

Na RAM do gerador de caracteres, o utilizador pode reescrever padrões de caracteres por programa. Para 5 x 8 pontos, podem ser escritos oito padrões de caracteres, e para 5 x 10 pontos, podem ser escritos quatro padrões de caracteres. Escreva na DDRAM os códigos de caracteres nos endereços mostrados na coluna esquerda da Tabela 4 para mostrar os padrões de caracteres armazenados na CGRAM. Consulte a Tabela 5 para ver a relação entre os endereços CGRAM e os padrões de dados e de visualização. As áreas que não são utilizadas para visualização podem ser utilizadas como RAM de dados gerais.

4.6.7MODIFICAÇÃO DE PADRÕES DE CARACTERES

- Procedimento de desenvolvimento de padrões de carácter

As operações seguintes correspondem às etapas indicadas abaixo.

1. Determinar a correspondência entre códigos de caracteres e padrões de caracteres.

2. Criar uma listagem que indique a correspondência entre os endereços e os dados da EPROM.

3. Programar os padrões de caracteres na EPROM

4. Enviar a EPROM para a Hitachi.

5. O processamento informático da EPROM é efectuado na Hitachi para criar uma lista de padrões de caracteres, que é enviada ao utilizador.

6. Se não existirem problemas na listagem dos padrões de caracteres, é criada uma LSI experimental na Hitachi e são enviadas amostras ao utilizador para avaliação. Quando o utilizador confirma que os padrões de caracteres estão corretamente escritos, a produção em massa da LSI prossegue na Hitachi.

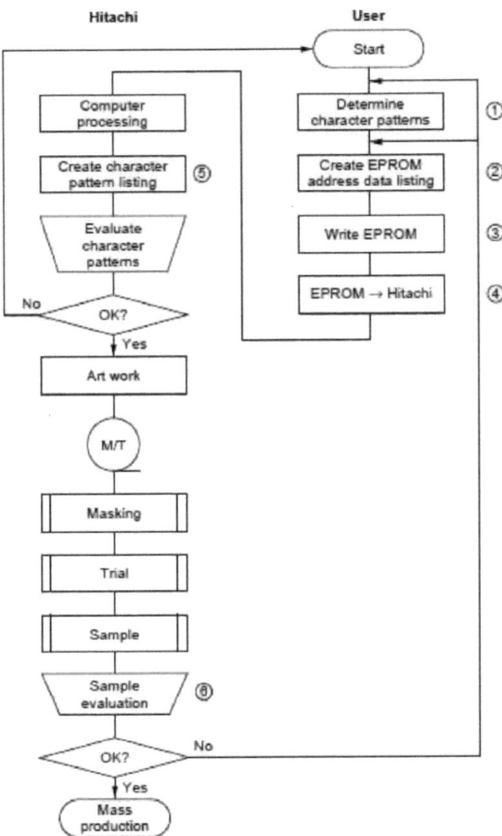

Fig 4.4 Procedimento de desenvolvimento do padrão de carácter

Esta secção explica a correspondência entre endereços e dados utilizados para programar padrões de caracteres na EPROM. A ROM do gerador de caracteres HD44780U pode gerar 208 padrões de caracteres de 5 x 8 pontos e 32 padrões de caracteres de 5 x 10 pontos, num total de 240 padrões de caracteres diferentes.

- Padrões de carácter

Os dados de endereço da EPROM e os dados do padrão de caracteres correspondem entre si para formar um padrão de caracteres de 5 x 8 ou 5 x 10 pontos (Fig. 4.5 e 4.6).

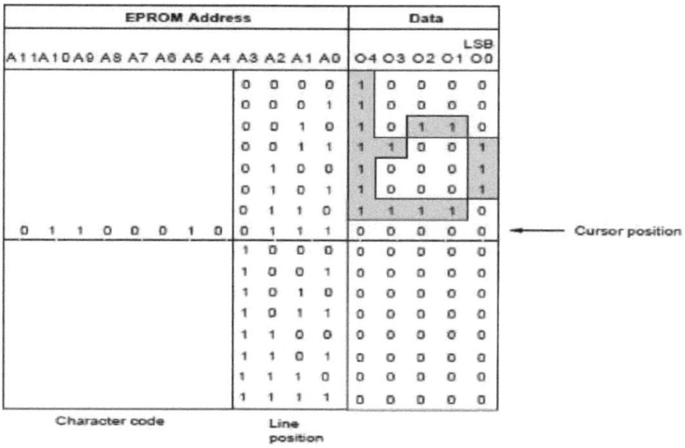

EPROM Address		Data
A11 A10 A9 A8 A7 A6 A5 A4	A3 A2 A1 A0	O4 O3 O2 O1 O0 (LSB)
	0 0 0 0	1 0 0 0 0
	0 0 0 1	1 0 0 0 0
	0 0 1 0	1 0 1 1 0
	0 0 1 1	1 1 0 0 1
	0 1 0 0	1 0 0 0 1
	0 1 0 1	1 0 0 0 1
	0 1 1 0	1 1 1 1 0
0 1 1 0 0 0 1 0	0 1 1 1	0 0 0 0 0 ← Cursor position
	1 0 0 0	0 0 0 0 0
	1 0 0 1	0 0 0 0 0
	1 0 1 0	0 0 0 0 0
	1 0 1 1	0 0 0 0 0
	1 1 0 0	0 0 0 0 0
	1 1 0 1	0 0 0 0 0
	1 1 1 0	0 0 0 0 0
	1 1 1 1	0 0 0 0 0
Character code	Line position	

Fig 4.5 Exemplo de correspondência entre os dados de endereço da EPROM e os caracteres

Padrão (5 x 8 pontos)

1. Os endereços A11 a A4 da EPROM correspondem a um código de carácter.
2. Os endereços EPROM A3 a A0 especificam uma posição de linha do padrão de caracteres.
3. Os dados O4 aO0 da EPROM correspondem aos dados do padrão de caracteres.
4. Os dados O5 a O7 da EPROM devem ser especificados como 0.
5. Uma posição iluminada no ecrã (preto) corresponde a um 1.
6. A linha 9 e as linhas seguintes devem ser preenchidas com 0s para uma fonte de caracteres de 5 x 8 pontos

- Tratamento de padrões de caracteres não utilizados

1. Dados EPROM fora da área do padrão de caracteres: Introduzir sempre 0s.
2. Dados da EPROM na área CGRAM: entrada sempre 0s. (Introduzir 0s na EPROM endereços 00H a FFH).
3. Dados EPROM utilizados quando o utilizador não utiliza qualquer padrão de caracteres HD44780U: De acordo com a aplicação do utilizador, é tratado de uma das

duas formas a seguir indicadas.

a. Quando os padrões de caracteres não utilizados não são programados: Se um código de caracteres não utilizado for escrito na DDRAM, todos os seus pontos ficam acesos. Ao não programar um padrão de caracteres, todos os dos seus bits ficam acesos. (Isto deve-se ao facto de a EPROM ser preenchida com 1s depois de ser apagada).

b. Quando os padrões de caracteres não utilizados são programados como 0s: Não é apresentado nada, mesmo que os códigos de caracteres não utilizados sejam escritos na DDRAM. (Isto é equivalente a um espaço).

EPROM Address			Data	
A11 A10 A9 A8 A7 A6 A5 A4	A3 A2 A1 A0		O4 O3 O2 O1 O0 (LSB)	
0 1 0 1 0 0 1 0	0 0 0 0		0 0 0 0 0	
	0 0 0 1		0 0 0 0 0	
	0 0 1 0		0 1 1 0 1	
	0 0 1 1		1 0 0 1 1	
	0 1 0 0		1 0 0 0 1	
	0 1 0 1		1 0 0 0 1	
	0 1 1 0		0 1 1 1 1	
	0 1 1 1		0 0 0 0 1	
	1 0 0 0		0 0 0 0 1	
	1 0 0 1		0 0 0 0 1	
	1 0 1 0		0 0 0 0 0	← Cursor position
	1 0 1 1		0 0 0 0 0	
	1 1 0 0		0 0 0 0 0	
	1 1 0 1		0 0 0 0 0	
	1 1 1 0		0 0 0 0 0	
	1 1 1 1		0 0 0 0 0	
Character code	Line position			

Fig 4.6 Exemplo de correspondência entre os dados de endereço da EPROM e o padrão de caracteres (5 x 10 pontos)

1. Os endereços A11 a A3 da EPROM correspondem a um código de carácter.

2. Os endereços EPROM A3 a A0 especificam uma posição de linha do padrão de caracteres.

3. Os dados O4 a O0 da EPROM correspondem a dados de padrão de caracteres.

4. Os dados O5 a O7 da EPROM devem ser especificados como 0.

5. Uma posição iluminada no ecrã (preto) corresponde a um 1.

6. A linha 11 e as linhas seguintes devem ser preenchidas com 0s para uma fonte de

caracteres de 5 x 10 pontos.

For 5 × 8 dot character patterns

Character Codes (DDRAM data) 7 6 5 4 3 2 1 0 High Low	CGRAM Address 5 4 3 High	CGRAM Address 2 1 0 Low	Character Patterns (CGRAM data) 7 6 5 High	Character Patterns (CGRAM data) 4 3 2 1 0 Low	
0 0 0 0 * 0 0 0	0 0 0	0 0 0	* * *	1 1 1 1 0	Character pattern (1)
		0 0 1		1 0 0 0 1	
		0 1 0		1 0 0 0 1	
		0 1 1		1 1 1 1 0	
		1 0 0		1 0 1 0 0	
		1 0 1		1 0 0 1 0	
		1 1 0		1 0 0 0 1	
		1 1 1	* * *	0 0 0 0 0	Cursor position
0 0 0 0 * 0 0 1	0 0 1	0 0 0	* * *	1 0 0 0 1	Character pattern (2)
		0 0 1		0 1 0 1 0	
		0 1 0		1 1 1 1 1	
		0 1 1		0 0 1 0 0	
		1 0 0		1 1 1 1 1	
		1 0 1		0 0 1 0 0	
		1 1 0		0 0 1 0 0	
		1 1 1	* * *	0 0 0 0 0	Cursor position
		0 0 0	* * *		
		0 0 1			
0 0 0 0 * 1 1 1	1 1 1	1 0 0			
		1 0 1			
		1 1 0			
		1 1 1	* * *		

Fig 4.7 Relação entre endereços CGRAM, códigos de caracteres (DDRAM) e padrões de caracteres (dados CGRAM)

1. Os bits de código de carácter 0 a 2 correspondem aos bits de endereço CGRAM 3 a 5 (3bits : 8 tipos).

2. Os bits de endereço CGRAM 0 a 2 designam a posição da linha do padrão de caracteres. A ^{8a} linha é a posição do cursor e a sua visualização é formada por um OR lógico com o cursor. Manter os dados da ^{8a} linha, correspondentes à posição de visualização do cursor, em 0 como visualização do cursor. Se os dados da linha 8th forem 1, 1 bits iluminarão a linha 8th independentemente da presença do cursor.

3. As posições das linhas do padrão de caracteres correspondem aos bits de dados CGRAM de 0 a 4 bits (estando o bit 4 à esquerda).

4. Como se mostra na Fig. 4.7, os padrões de caracteres CGRAM são selecionados quando os bits de código de caracteres 4 a 7 são todos 0. No entanto, como o bit de código de caracteres 3 não tem efeito, o exemplo de visualização R acima pode ser selecionado pelo código de caracteres 00H ou 08H.

5. 1 para os dados CGRAM corresponde à seleção de visualização e 0 à não seleção.

* Indica que não tem efeito.

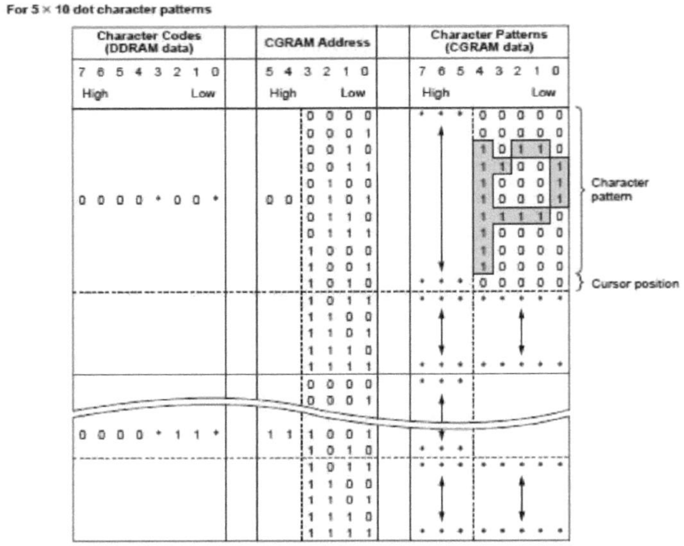

For 5 × 10 dot character patterns

Character Codes (DDRAM data)	CGRAM Address		Character Patterns (CGRAM data)		
7 6 5 4 3 2 1 0 High Low	5 4 3 2 1 0 High Low		7 6 5 4 3 2 1 0 High Low		
		0 0 0 0	* * *	0 0 0 0 0	
		0 0 0 1		0 0 0 0 0	
		0 0 1 0		1 0 1 1 0	
		0 0 1 1		1 1 0 0 1	
		0 1 0 0		1 0 0 0 1	
0 0 0 0 * 0 0 *	0 0	0 1 0 1		1 0 0 0 1	Character pattern
		0 1 1 0		1 1 1 1 0	
		0 1 1 1		1 0 0 0 0	
		1 0 0 0		1 0 0 0 0	
		1 0 0 1		1 0 0 0 0	
		1 0 1 0	* * *	0 0 0 0 0	Cursor position
		1 0 1 1	* * *	* * * * *	
		1 1 0 0			
		1 1 0 1			
		1 1 1 0			
		1 1 1 1	* * *	* * * * *	
		0 0 0 0	* * *		
		0 0 0 1			
0 0 0 0 * 1 1 *	1 1	1 0 0 1			
		1 0 1 0	* * *		
		1 0 1 1	* * *	* * * * *	
		1 1 0 0			
		1 1 0 1			
		1 1 1 0			
		1 1 1 1	* * *	* * * * *	

Fig 4.8 Relação entre endereços CGRAM, códigos de caracteres (DDRAM) e padrões de caracteres (dados CGRAM) (cont.)

1. Os bits 1 e 2 do código de caracteres correspondem aos bits 4 e 5 do endereço CGRAM (2 bits: 4 tipos)

2. Os bits de endereço CGRAM 0 a 3 designam a posição da linha do padrão de caracteres. A 11.ª linha é a posição do cursor e a sua visualização é formada por um OR lógico com o cursor. Manter os dados da 11.ª linha correspondentes à posição de visualização do cursor em 0 como visualização do cursor. Se os dados da 11.ª linha forem "1", os bits "1" acenderão a 11.ª linha independentemente da presença do cursor. Uma vez que as linhas 12 a 16 não são utilizadas para visualização, podem ser utilizadas para RAM de dados gerais.

3. As posições das filas de padrões de caracteres são as mesmas que as posições dos padrões de caracteres de 5 x 8 pontos.

4. Os padrões de caracteres CGRAM são selecionados quando os bits de código de caracteres 4 a 7 são todos 0. No entanto, uma vez que os bits de código de caracteres 0

e 3 não têm efeito, o exemplo de visualização P acima pode ser selecionado pelos códigos de caracteres 00H, 01H, 08H e 09H.

5. 1 para os dados CGRAM corresponde à seleção de visualização e 0 à não seleção.

* Indica que não tem efeito.

4.7 INTERFACE PARA O ECRÃ DE CRISTAIS LÍQUIDOS

4.7.1TIPO DE CARACTERES E NÚMERO DE LINHAS

A HD44780U pode executar dois tipos de ecrãs, 5 x 8 pontos e

Fontes de caracteres de 5 x 10 pontos, cada uma com um cursor. São apresentadas até duas linhas para 5 x 8 pontos e uma linha para 5 x 10 pontos. Assim, está disponível um total de três tipos de sinais comuns. O número de linhas e tipos de letra podem ser selecionados pelo programa. Uma vez que cinco linhas de sinal de segmento podem apresentar um dígito, um HD44780U pode apresentar até 8 dígitos para um ecrã de 1 linha e 16 dígitos para um ecrã de 2 linhas. Os exemplos têm pinos de sinal comum não utilizados, que produzem sempre formas de onda sem seleção. Quando o painel do ecrã de cristais líquidos tem linhas de varrimento extra não utilizadas, ligue as linhas de varrimento extra a estes pinos de sinal comum para evitar quaisquer efeitos indesejáveis devido a diafonia durante o estado flutuante.

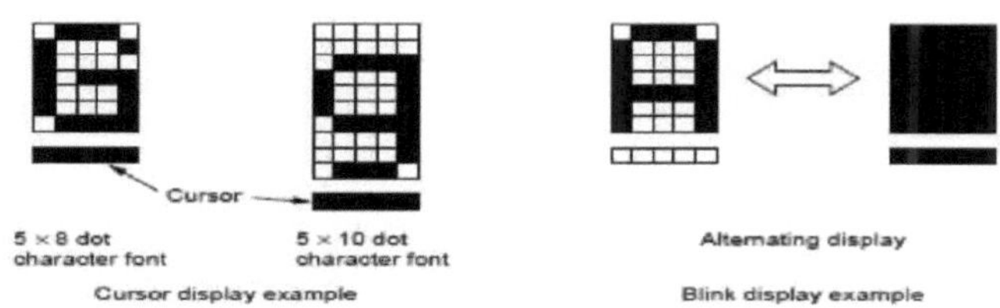

Fig 4.9 Exemplos de tipo de caracteres e número de linhas do cursor e do ecrã intermitente

4.7.2FONTE DE ALIMENTAÇÃO DO ACCIONAMENTO DO ECRÃ DE CRISTAIS LÍQUIDOS

Devem ser aplicados vários níveis de tensão aos pinos V1 a V5 do HD44780U para obter as formas de onda do acionamento do ecrã de cristais líquidos. As tensões têm de ser alteradas de acordo com o fator de serviço (Tabela 4.2). VLCD é o valor de pico para as formas de onda do acionamento do ecrã de cristais líquidos e a divisão da resistência fornece as tensões V1 a V5.

Tabela 4.2 Fator de funcionamento e fonte de alimentação para o acionamento do ecrã de cristais líquidos

	Duty Factor	
	1/8, 1/11	1/16
		Bias
Power Supply	1/4	1/5
V1	V_{cc}−1/4 VLCD	V_{cc}−1/5 VLCD
V2	V_{cc}−1/2 VLCD	V_{cc}−2/5 VLCD
V3	V_{cc}−1/2 VLCD	V_{cc}−3/5 VLCD
V4	V_{cc}−3/4 VLCD	V_{cc}−4/5 VLCD
V5	V_{cc}−VLCD	V_{cc}−VLCD

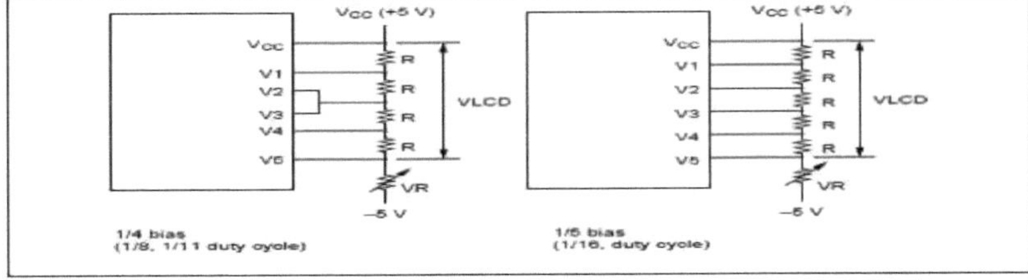

Fig 4.10 Exemplo de alimentação de tensão de acionamento

CAPÍTULO 5

DESENVOLVIMENTO CRIADO

5.1 DIAGRAMA DE BLOCO

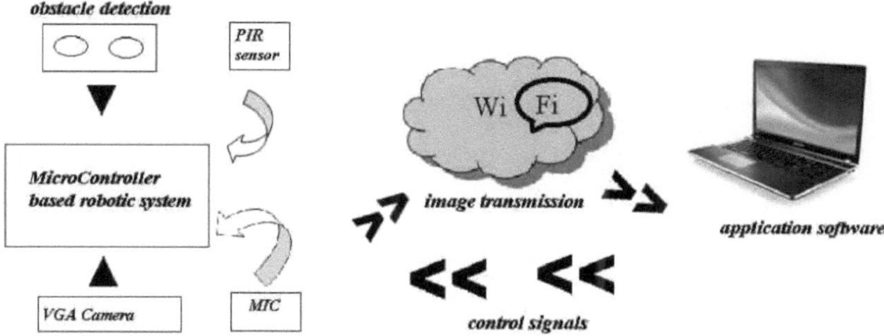

Fig 5.1 Diagrama de blocos

Este projeto visa desenvolver um robô rover autónomo que pode ser utilizado para detetar a presença humana em áreas remotas com caraterísticas como

- Captura de imagens
- Deteção de som
- Prevenção automática de objectos e
- Transmissão e controlo através de rede wifi.

Este rover terá dois sistemas, uma parte de sistema incorporado e uma parte de software de sistema.

5.2 SISTEMA INCORPORADO

O cérebro da parte do sistema incorporado é um microcontrolador de 32 bits com processador ARM (LPC2138). A programação deste controlador é efectuada em linguagem C. O robô está equipado com uma câmara VGA, sensores de som, motor, sensor de som, sensor de deteção humana e deteção ultra-sónica de obstáculos. Este robô pode ser operado em modo automático ou manual. A câmara com interface com a MCU (unidade de microcontrolador) capta a imagem do seu ambiente se encontrar um obstáculo ou uma pessoa nas proximidades, ou se ouvir um som contínuo. A imagem recebida da câmara é enviada pela MCU sem fios através da rede wifi.

5.2.1UNIDADE DE MICROCONTROLADOR

Utilizamos o ARM LPC2138 para controlar a parte do sistema incorporado. Os microcontroladores LPC2138 baseiam-se num CPU ARM7TDMI-S de 32 bits com emulação em tempo real e suporte de rastreio incorporado, que combina 64kB de memória Flash de alta velocidade incorporada. Uma interface de memória de 128 bits de largura e uma arquitetura de acelerador única permitem a execução de código de 32 bits à velocidade máxima de relógio. Para aplicações de tamanho de código crítico, o modo alternativo Thumb® de 16 bits reduz o código em mais de 30% com uma penalização mínima do desempenho. Devido ao seu tamanho reduzido e ao baixo consumo de energia, estes microcontroladores são ideais para aplicações em que a miniaturização é um requisito fundamental. Com uma vasta gama de interfaces de comunicações em série e opções de SRAM on-chip de 32kB, são muito adequados para o desenvolvimento do nosso projeto. Vários temporizadores de 32 bits, ADC(s) simples ou duplo(s) de 10 bits e 8 canais, DAC de 10 bits, canais PWM e 47 linhas GPIO com até nove pinos de interrupção externa sensíveis a bordas ou níveis tornam estes microcontroladores particularmente adequados para aplicações robóticas.

A programação deste controlador é efectuada em linguagem C, utilizando o ambiente de desenvolvimento integrado Keil. O compilador C do Keil converte a linguagem C em código de máquina, que pode ser introduzido no microcontrolador.

5.2.2CÂMARA VGA

Utilizamos a câmara C328 para a captura de imagens. O C328R é um módulo de câmara VGA que funciona como uma câmara fotográfica com compressão JPEG que pode ser ligada ao microcontrolador. Os utilizadores podem enviar um comando de instantâneo a partir do anfitrião para captar uma imagem fixa de um único fotograma com resolução total. A imagem é então comprimida pelo motor JPEG e transferida para o MCU através da porta série.

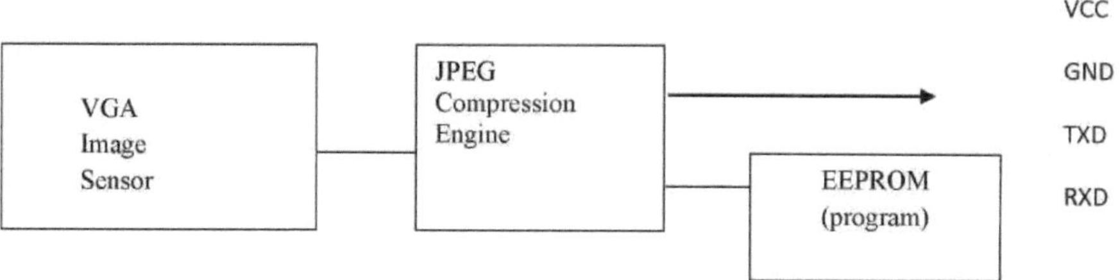

Fig 5.2 Diagrama de blocos da câmara VGA

5.2.3SENSOR DE SOM

A parte do sensor de som é constituída por um MIC com um amplificador ligado ao canal adc do MCU. Podemos amostrar continuamente o sinal analógico do microfone e verificar a sua intensidade. Um som contínuo com a mesma intensidade pode ser utilizado para acionar a captura da câmara.

5.2.4COMUNICAÇÃO WIFI

Utilizamos o módulo WiFly como adaptador Wifi. O módulo WiFly GSX é um módulo de rede sem fios 802.11 autónomo e incorporado. O módulo WiFly GSX incorpora um rádio de 2,4 GHz, um processador, interfaces de sensores analógicos TCP/IP. Esta solução completa é pré-carregada com software para simplificar a integração e minimizar o desenvolvimento da sua aplicação. Na configuração mais simples, o hardware requer apenas quatro ligações (PWR, TX, RX, GND) para criar uma ligação de dados sem fios. O módulo WiFly GSX é programado e controlado com uma linguagem de comando ASCII simples. Uma vez configurado, o WiFly GSX pode procurar um ponto de acesso, associar-se, autenticar-se e ligar-se através de qualquer rede WiFi. Este módulo WiFi pode ser ligado aos pinos UART do MCU. O WiFi é configurado utilizando o programa fundido no MCU.

5.2.5DETECÇÃO HUMANA

Este módulo de sensor de infravermelhos passivo (PIR) é utilizado para a deteção de movimentos. Teoria de funcionamento Os dispositivos piroeléctricos, como o sensor PIR, têm elementos feitos de um material cristalino que gera uma carga eléctrica quando exposto a radiação infravermelha. As alterações na quantidade de infravermelhos que atingem o elemento alteram as tensões geradas, que são medidas por um amplificador integrado. O dispositivo contém um filtro especial chamado lente de Fresnel, que foca os sinais de infravermelhos no elemento . Quando os sinais infravermelhos do ambiente mudam rapidamente, o amplificador integrado ativa a saída para indicar movimento. O sensor PIR tem um alcance de aproximadamente 6 metros. Este alcance pode variar consoante as condições ambientais. O sensor foi concebido para se ajustar a condições de mudança lenta que ocorreriam normalmente à medida que o dia avança e as condições ambientais mudam, mas responde tornando a sua saída alta quando ocorrem mudanças súbitas, como quando há movimento.

5.2.6DETECÇÃO DE OBSTÁCULOS

A distância é medida utilizando um sensor ultrassónico. O sensor ultrassónico detecta objectos emitindo um curto impulso ultrassónico e depois "ouvindo" o eco. Sob o controlo de um microcontrolador anfitrião (impulso de disparo), o sensor emite um curto impulso (ultrassónico) de 40kHz. Este impulso viaja através do ar a cerca de 1.130 pés por segundo, atinge um objeto e, em seguida, faz ricochete para o sensor. O sensor calcula a distância e envia-a através da UART.

5.3 SOFTWARE DE SISTEMA

O software do sistema foi concebido para controlar e visualizar imagens, tendo sido desenvolvido em VB.Net. O software do sistema acede à placa de rede WiFi do computador portátil para estabelecer uma ligação TCP. O software liga-se ao robot remoto através de WiFi. Este software mostra a imagem enviada pela parte do sistema incorporado. O utilizador pode também enviar comandos de controlo para a parte do sistema incorporado através de WiFi.

5.3.1INTERFACE DO UTILIZADOR

A interface do utilizador foi concebida utilizando VB.Net. O front end é constituído por alguns botões e caixas de texto. Os botões consistem num botão de seleção de modo para selecionar o modo de funcionamento do robô, se é automático ou manual. Se forem selecionados, os botões de controlo do movimento podem ser utilizados para controlar o movimento, ou seja, os movimentos do robô para a frente, para trás, para a esquerda e para a direita. Outro botão presente na parte da frente pode ser utilizado para captar imagens manualmente. A caixa de texto indica a presença do objeto e a sua distância.

5.3.2CAPTURA DE IMAGENS

A captura de imagens é efectuada clicando no botão de captura de imagens na parte da frente. Os dados de imagem enviados pelo robô através do WiFi são recebidos no adaptador WiFi do computador portátil. O VB liga-se ao módulo WiFi e armazena os dados num ficheiro. Ao terminar a transmissão, abre-se uma nova janela de imagem para visualizar a imagem JPEG.

5.3.3INTERFACE DE COMUNICAÇÃO WIFI

O VB cria uma ligação ao servidor. O robot actua como um cliente TCP. O servidor cria uma nova instância da classe **TcpListener** na porta. Em seguida, chama o método **AcceptTcpClient( )** que devolve um TcpClient que pode ser utilizado para enviar e receber dados. Use GetStream para obter o NetworkStream subjacente do TcpClient. O Network Stream herda do Stream, que fornece uma coleção rica de métodos e propriedades para comunicações de rede.

CAPÍTULO 6

SISTEMA DE MEMÓRIA FLASH E PROGRAMAÇÃO

6.1 CARREGADOR DE ARRANQUE FLASH

O carregador de arranque controla o funcionamento inicial após o reinício e também fornece os meios para efetuar a programação da memória Flash. Pode tratar-se da programação inicial de um dispositivo vazio, da eliminação e reprogramação de um dispositivo previamente programado ou da programação da memória Flash pelo programa de aplicação num sistema em funcionamento.

6.2 CARACTERÍSTICAS

- Programação no sistema: A programação no sistema (ISP) consiste em programar ou reprogramar a memória flash on-chip, utilizando o software do gestor de arranque e uma porta série. Isto pode ser feito quando a peça se encontra na placa do utilizador final.
- Programação na aplicação: A programação na aplicação (IAP) consiste em efetuar operações de apagamento e escrita na memória flash integrada, de acordo com as instruções do código da aplicação do utilizador final.

6.3 APLICAÇÕES

O carregador de arranque flash fornece interfaces de programação no sistema e na aplicação para programar a memória flash on-chip.

6.4 DESCRIÇÃO

O código do carregador de arranque flash é executado sempre que a peça é ligada ou reiniciada. O carregador pode executar o manipulador de comandos ISP ou o código de aplicação do utilizador. Um nível BAIXO após a reinicialização no pino P0.14 é considerado como uma solicitação de hardware externo para iniciar o manipulador de comando ISP. Assumindo que o sinal adequado está presente no pino X1 quando a borda ascendente no pino RESET é gerada, pode levar até 3 ms antes de P0.14 ser amostrado e a decisão de continuar com o código do utilizador ou o manipulador ISP é tomada. Se P0.14 for amostrado baixo e o fluxo de estouro do watchdog estiver definido, o pedido de hardware externo para iniciar o manipulador de comando ISP é ignorado. Se não houver pedido para a execução do manipulador de comando ISP (P0.14 é amostrado ALTO após a reinicialização), é feita uma busca por um programa de utilizador válido. Se for encontrado um programa de utilizador válido, o controlo de execução é transferido para ele. Se não for encontrado um programa de utilizador válido, é invocada a rotina de auto-baud.

O pino P0.14, que é utilizado como pedido de hardware para o ISP, requer uma atenção especial. Uma vez que P0.14 está em modo de alta impedância após o reset, é importante que o utilizador forneça hardware externo (uma resistência pull-up ou outro dispositivo) para colocar o pino num estado definido. Caso contrário, pode ocorrer uma entrada não intencional no modo ISP.

6.4.1MAPA DE MEMÓRIA APÓS QUALQUER REINICIALIZAÇÃO

O bloco de arranque tem um tamanho de 12kB e reside na parte superior (a partir de 0x0007 D000) da memória flash na pastilha. Após qualquer reinicialização, todo o bloco é também mapeado para a parte superior do espaço de memória na pastilha, ou seja, o bloco de arranque é também visível na região de memória que começa no endereço 0x7FFF D000. O carregador de arranque flash foi concebido para ser executado a partir desta área de memória, mas tanto o software ISP como o IAP utilizam partes da RAM na pastilha. A utilização da RAM é descrita mais adiante neste capítulo. Os vectores de interrupção que residem no bloco de arranque da memória flash integrada também ficam activos após o reset, ou seja, os 64 bytes inferiores do bloco de arranque também são visíveis na região de memória a partir do endereço 0x0000 0000. O vetor de reinicialização contém uma instrução de salto para o ponto de entrada do software do carregador de arranque flash.

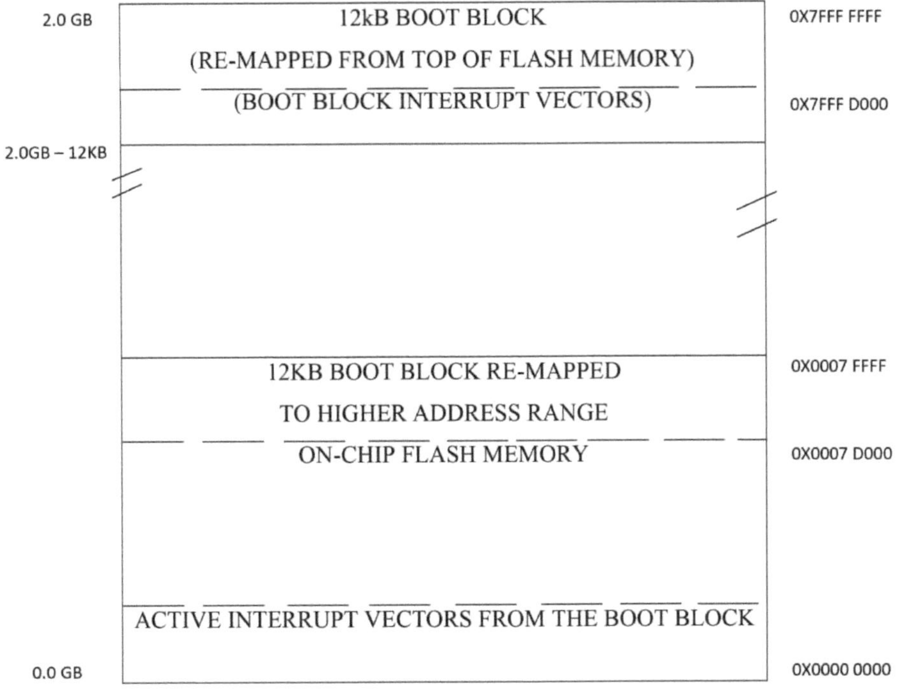

Nota: As regiões de memória não estão desenhadas à escala.

Fig 6.1 Mapa da memória inferior após a reinicialização

6.4.2CRITÉRIO PARA UM CÓDIGO DE UTILIZADOR VÁLIDO

Critério para código de utilizador válido: A localização reservada do vetor de interrupção ARM (0x0000 0014) deve conter o complemento de 2 da soma de controlo dos restantes vectores de interrupção. O código do gestor de arranque desactiva a sobreposição dos vectores de interrupção a partir do bloco de arranque e, em seguida, verifica a soma de verificação dos vectores de interrupção no sector 0 da memória flash. Se as assinaturas coincidirem, o controlo de execução é transferido para o código do utilizador carregando o contador de programa com 0x0000 0000. Por conseguinte, o vetor de reinicialização da memória flash do utilizador deve conter uma instrução de salto para o ponto de entrada do código da aplicação do utilizador.

Se a assinatura não for válida, a rotina de auto-baud sincroniza-se com o anfitrião através da porta série 0. O anfitrião deve enviar um '?' (0x3F) como carácter de sincronização e aguardar uma resposta de . As definições da porta série do lado do anfitrião devem ser 8 bits de dados, 1 bit de paragem e sem paridade. A rotina de auto-baud mede o tempo de bit do carácter de sincronização recebido em termos da sua própria frequência e programa o gerador de baud rate da porta série. Também envia uma string ASCII ("Synchronization<CR><LF>") para o Host. Em resposta a esta mensagem o anfitrião deve enviar a mesma cadeia ("Synchronization<CR><LF>"). A rotina de auto-baud analisa os caracteres recebidos para verificar a sincronização. Se a sincronização for verificada, a cadeia "OK<CR><LF>" é enviada para o anfitrião. O anfitrião deve responder enviando a frequência do cristal (em kHz) a que a peça está a funcionar. Por exemplo, se a peça estiver a funcionar a 10MHz, a resposta do anfitrião deve ser "10000<CR><LF>". A cadeia "OK<CR><LF>" é enviada para o anfitrião depois de receber a frequência do cristal. Se a sincronização não for verificada, então a rotina de auto-baud espera novamente por um carácter de sincronização. Para que o auto-baud funcione corretamente, a frequência do cristal deve ser maior ou igual a 10MHz. O PLL no chip não é utilizado pelo código de arranque. Uma vez recebida a frequência do cristal, a peça é inicializada e o manipulador de comandos ISP é invocado. Por razões de segurança, é necessário um comando "Unlock" antes de executar os comandos que resultam em operações de apagar/escrever o flash e o comando "Go". Os restantes comandos podem ser executados sem o comando de desbloqueio. O comando Unlock deve ser executado uma vez por sessão ISP.

6.4.3PROTOCOLO DE COMUNICAÇÃO

Todos os comandos ISP devem ser enviados como cadeias de caracteres ASCII simples. As cadeias devem ser terminadas com caracteres de controlo Carriage Return (CR) e/ou Line Feed (LF). Caracteres extras <CR> e <LF> são ignorados. Todas as respostas do ISP são enviadas como cadeias de caracteres ASCII terminadas em <CR><LF>. Os dados são enviados e recebidos em formato codificado em UU.

6.4.4FORMATO DO COMANDO ISP

"Comando Parâmetro_0 Parâmetro 1 ^ Parâmetro_n<CR><LF>" "Dados" (Dados apenas para comandos de escrita).

6.4.5FORMATO DE RESPOSTA ISP

"Código_de_retorno<CR><LF>Resposta_0<CR><LF>Resposta_1<CR><LF>... Resposta_n<CR><LF>" "Dados" (Dados apenas para comandos de leitura).

6.4.6FORMATO DE DADOS ISP

O fluxo de dados está em formato UU-encode. O algoritmo de codificação UU converte 3 bytes de dados binários em 4 bytes de conjunto de caracteres ASCII imprimíveis. É mais eficiente do que o formato Hex que converte 1 byte de dados binários em 2 bytes de ASCII hexadecimais. O remetente deve enviar a soma de controlo após a transmissão de 20 linhas codificadas em UU. O comprimento de qualquer linha codificada em UU não deve exceder 61 caracteres (bytes), ou seja, pode conter 45 bytes de dados. O recetor deve compará-la com a soma de controlo dos bytes recebidos. Se a soma de controlo coincidir, o recetor deve responder com "OK<CR><LF>" para continuar a transmissão. Se a soma de controlo não corresponder, o recetor deve responder com "RESPOND<CR><LF>". Em resposta, o emissor deve transmitir os bytes. Uma descrição do UU-encode está disponível em http://www.wotsit.org.

6.4.7CONTROLO DO FLUXO ISP

É utilizado um esquema de controlo do fluxo XON/XOFF do software para evitar a perda de dados por excesso de memória intermédia. Quando os dados chegam rapidamente, o carácter de controlo ASCII DC3 (stop) é enviado para parar o fluxo de dados. O fluxo de dados é retomado enviando o carácter de controlo ASCII DC1 (início). O anfitrião deve também suportar o mesmo esquema de controlo do fluxo.

6.4.8COMANDO ISP ABORTAR

Os comandos podem ser interrompidos enviando o carácter de controlo ASCII "ESC". Esta função não está documentada como um comando na secção "Comandos ISP".

Uma vez recebido o código de escape, o manipulador de comandos ISP aguarda um novo comando.

6.4.9INTERRUPÇÕES DURANTE O ISP

Os vectores de interrupção do bloco de arranque localizados no bloco de arranque da memória flash ficam activos após qualquer reinicialização.

6.4.10 INTERRUPÇÕES DURANTE O IAP

A memória flash integrada não está acessível durante as operações de apagamento/escrita. Quando o código da aplicação do utilizador começa a ser executado, os vectores de interrupção da área flash do utilizador estão activos. O utilizador deve desativar as interrupções ou certificar-se de que os vectores de interrupção do utilizador estão activos na RAM e de que os manipuladores de interrupções residem na RAM, antes de efetuar uma chamada IAP de apagamento/escrita da memória flash. O código IAP não utiliza nem desactiva as interrupções.

6.4.11 RAM UTILIZADA PELO MANIPULADOR DE COMANDOS ISP

Os comandos ISP utilizam a RAM na pastilha de 0x4000 0120 a 0x4000 01FF. O utilizador pode utilizar esta área, mas o conteúdo pode perder-se após a reinicialização. Os comandos de programação Flash utilizam os 32 bytes superiores da RAM on-chip. A pilha está localizada no topo da RAM - 32. A utilização máxima da pilha é de 256 bytes e cresce em sentido descendente.

6.4.12 RAM UTILIZADA PELO MANIPULADOR DE COMANDOS IAP

Os comandos de programação Flash utilizam os 32 bytes superiores da RAM no chip. A utilização máxima da pilha no espaço de pilha atribuído pelo utilizador é de 128 bytes e cresce para baixo.

6.4.13 RAM UTILIZADA PELO MONITOR REAL

O RealMonitor utiliza a RAM no chip de 0x4000 0040 a 0x4000 011F. O utilizador pode utilizar esta área se a depuração baseada no RealMonitor não for necessária. O carregador de arranque Flash não inicializa a pilha para o RealMonitor.

6.4.14 Fluxograma do processo de arranque

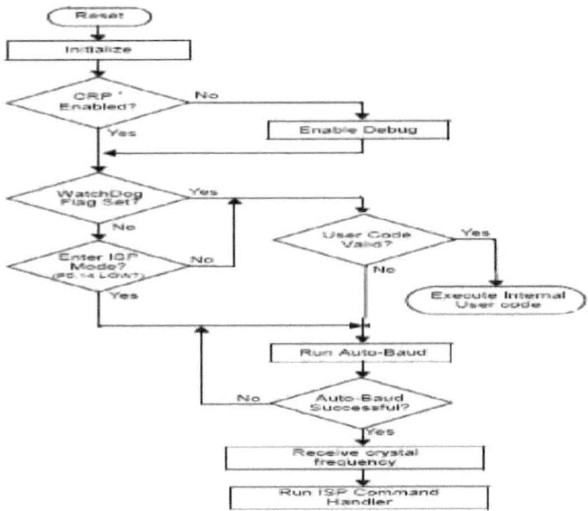

* Proteção da leitura do código

Fig 6.2 Fluxograma do processo de arranque

6.5 COMANDOS DO ISP

Os seguintes comandos são aceites pelo manipulador de comandos ISP. São suportados códigos de estado pormenorizados para cada comando. O gestor de comandos envia o código de retorno INVALID_COMMAND quando é recebido um comando indefinido. Os comandos e os códigos de retorno estão em formato ASCII. CMD_SUCCESS é enviado pelo tratador de comandos ISP apenas quando o comando ISP recebido foi completamente executado e o novo comando ISP pode ser dado pelo anfitrião. As excepções a esta regra são os comandos "Set Baud Rate", "Write to RAM", "Read Memory" e "Go".

Tabela 6.1 Resumo do comando ISP

ISP Command	Usage
Unlock	U <Unlock Code>
Set Baud Rate	B <Baud Rate> <stop bit>
Echo	A <setting>
Write to RAM	W <start address> <number of bytes>
Read Memory	R <address> <number of bytes>
Prepare sector(s) for write operation	P <start sector number> <end sector number>
Copy RAM to Flash	C <Flash address> <RAM address> <number of bytes>
Go	G <address> <Mode>
Erase sector(s)	E <start sector number> <end sector number>
Blank check sector(s)	I <start sector number> <end sector number>
Read Part ID	J
Read Boot code version	K
Compare	M <address1> <address2> <number of bytes>

6.5.1Desbloquear <código de desbloqueio>

Tabela 6.2 Comando de desbloqueio ISP

Command	U
Input	Unlock code: 23130
Return Code	CMD_SUCCESS | INVALID_CODE | PARAM_ERROR
Description	This command is used to unlock flash Write/Erase & Go commands.
Example	"U 23130<CR><LF>" unlocks the flash Write/Erase & Go commands.

6.5.2Set Baud Rate <baud rate> <stop bit>

Tabela 6.3 Comando ISP set baud rate

Command	B
Input	Baud Rate: 9600 | 19200 | 38400 | 57600 | 115200 | 230400 Stop bit: 1 | 2
Return Code	CMD_SUCCESS | INVALID_BAUD_RATE | INVALID_STOP_BIT | PARAM_ERROR
Description	This command is used to change the baud rate. The new baud rate is effective after the command handler sends the CMD_SUCCESS return code.
Example	"B 57600 1<CR><LF>" sets the serial port to baud rate 57600 bps and 1 stop bit.

6.5.3Eco <configuração>

Tabela 6.4 Comando ISP Echo

Command	A
Input	Setting: ON=1 | OFF=0
Return Code	CMD_SUCCESS | PARAM_ERROR
Description	The default setting for echo command is ON. When ON the ISP command handler sends the received serial data back to the host.
Example	"A 0<CR><LF>" turns echo off.

6.5.4Escrever na RAM <endereço inicial> <número de bytes>

Tabela 6.5 Comando ISP de escrita na RAM

Command	W
Input	Start Address: RAM address where data bytes are to be written. This address should be a word boundary. Number of Bytes: Number of bytes to be written. Count should be a multiple of 4.
Return Code	CMD_SUCCESS | ADDR_ERROR (Address not a word boundary) | ADDR_NOT_MAPPED | COUNT_ERROR (Byte count is not multiple of 4) | PARAM_ERROR CODE_READ_PROTECTION_ENABLED
Description	This command is used to download data to RAM. The data should be in UU-encoded format. As of Bootloader rev. 1.61 this command is blocked when code read protection is enabled.
Example	"W 1073742336 4<CR><LF>" writes 4 bytes of data to address 0x4000 0200.

6.5.5Ler memória <endereço> <número de bytes>

Tabela 6.6 Comando de leitura de memória ISP

Command	R
Input	Start Address: Address from where data bytes are to be read. This address should be a word boundary. Number of Bytes: Number of bytes to be read. Count should be a multiple of 4.
Return Code	CMD_SUCCESS followed by <actual data (UU-encoded)> | ADDR_ERROR (Address not on word boundary) | ADDR_NOT_MAPPED | COUNT_ERROR (Byte count is not multiple of 4) | PARAM_ERROR CODE_READ_PROTECTION_ENABLED
Description	This command is used to read data from RAM or Flash memory. As of Bootloader rev. 1.61 this command is blocked when code read protection is enabled.
Example	"R 1073741824 4<CR><LF>" reads 4 bytes of data from address 0x4000 0000.

6.5.6 Preparar sector(es) para operação de escrita <número do sector inicial> <sector final número >

Este comando torna a operação de escrita/apagamento do flash num processo de dois passos.

Tabela 6.7 Comando ISP de preparação de sectores para operação de escrita

Command	P
Input	Start Sector Number End Sector Number: Should be greater than or equal to start sector number.
Return Code	CMD_SUCCESS | BUSY | INVALID_SECTOR | PARAM_ERROR
Description	This command must be executed before executing "Copy RAM to Flash" or "Erase Sector(s)" command. Successful execution of the "Copy RAM to Flash" or "Erase Sector(s)" command causes relevant sectors to be protected again. The boot sector can not be prepared by this command. To prepare a single sector use the same "Start" and "End" sector numbers.
Example	"P 0 0<CR><LF>" prepares the flash sector 0.

6.5.7 Copiar RAM para Flash <endereço Flash> <endereço RAM> <número de bytes>

Tabela 6.8 Comando de cópia ISP

Command	C
Input	Flash Address(DST): Destination Flash address where data bytes are to be written. The destination address should be a 512 byte boundary. RAM Address(SRC): Source RAM address from where data bytes are to be read. Number of Bytes: Number of bytes to be written. Should be 512 | 1024 | 4096 | 8192.
Return Code	CMD_SUCCESS | SRC_ADDR_ERROR (Address not on word boundary) | DST_ADDR_ERROR (Address not on correct boundary) | SRC_ADDR_NOT_MAPPED | DST_ADDR_NOT_MAPPED | COUNT_ERROR (Byte count is not 512 | 1024 | 4096 | 8192) | SECTOR_NOT_PREPARED_FOR_WRITE_OPERATION | BUSY | CMD_LOCKED | PARAM_ERROR CODE_READ_PROTECTION_ENABLED
Description	This command is used to program the flash memory. The affected sectors should be prepared first by calling "Prepare Sector for Write Operation" command. The affected sectors are automatically protected again once the copy command is successfully executed. The boot sector can not be written by this command. As of Bootloader rev. 1.61 this command is blocked when code read protection is enabled.
Example	"C 0 1073774592 512<CR><LF>" copies 512 bytes from the RAM address 0x4000 8000 to the flash address 0.

6.5.8 Ir <endereço> <modo>

Tabela 6.9 Comando ISP Go

Command	G
Input	Address: Flash or RAM address from which the code execution is to be started. This address should be on a word boundary. Mode: T (Execute program in Thumb Mode) | A (Execute program in ARM mode)
Return Code	CMD_SUCCESS | ADDR_ERROR | ADDR_NOT_MAPPED | CMD_LOCKED | PARAM_ERROR CODE_READ_PROTECTION_ENABLED
Description	This command is used to execute (call) a program residing in RAM or Flash memory. It may not be possible to return to ISP command handler once this command is successfully executed. If executed code has ended with return instruction, ISP handler will resume with execution. As of Bootloader rev. 1.61 this command is blocked when code read protection is enabled.
Example	"G 0 A<CR><LF>" branches to address 0x0000 0000 in ARM mode.

6.5.9 Apagar sector(es) <número do sector inicial> <número do sector final>

Tabela 6.10 Comando ISP para apagar sector

Command	E
Input	Start Sector Number End Sector Number: Should be greater than or equal to start sector number.
Return Code	CMD_SUCCESS | BUSY | INVALID_SECTOR | SECTOR_NOT_PREPARED_FOR_WRITE_OPERATION | CMD_LOCKED | PARAM_ERROR CODE_READ_PROTECTION_ENABLED
Description	This command is used to erase a sector or multiple sectors of on-chip Flash memory. The boot sector can not be erased by this command. To erase a single sector use the same "Start" and "End" sector numbers. As of Bootloader rev. 1.61 this command is blocked when code read protection is enabled.
Example	"E 2 3<CR><LF>" erases the flash sectors 2 and 3.

6.5.10 Setor(es) de controlo em branco <número do sector> <número do sector final>

Tabela 6.11 Comando do sector de controlo em branco ISP

Command	I
Input	Start Sector Number End Sector Number: Should be greater than or equal to start sector number.
Return Code	CMD_SUCCESS | SECTOR_NOT_BLANK (followed by <Offset of the first non blank word location> <Contents of non blank word location>) | INVALID_SECTOR | PARAM_ERROR
Description	This command is used to blank check a sector or multiple sectors of on-chip Flash memory. To blank check a single sector use the same "Start" and "End" sector numbers.
Example	"I 2 3<CR><LF>" blank checks the flash sectors 2 and 3. **Blank check on sector 0 always fails as first 64 bytes are re-mapped to flash boot sector.**

6.5.11 Ler o número de identificação da peça

Tabela 6.12 Comando ISP Ler número de identificação da peça

Command	J
Input	None
Return Code	CMD_SUCCESS followed by part identification number in ASCII format.
Description	This command is used to read the part identification number.
Example	"J<CR><LF>".

6.5.12 Ler o número da versão do código de arranque

Tabela 6.13 Comando do número de versão do código de arranque ISP

Command	K
Input	None
Return Code	CMD_SUCCESS followed by 2 bytes of boot code version number in ASCII format. It is to be interpreted as <byte1(Major)>.<byte0(Minor)>
Description	This command is used to read the boot code version number.
Example	"K<CR><LF>".

6.5.13 Comparar <endereço1> <endereço2> <número de bytes>

Tabela 6.14 Comando de comparação ISP

Command	M
Input	Address1(DST): Starting Flash or RAM address from where data bytes are to be compared. This address should be on word boundary. Address2(SRC): Starting Flash or RAM address from where data bytes are to be compared. This address should be on word boundary. Number of Bytes: Number of bytes to be compared. Count should be in multiple of 4.
Return Code	CMD_SUCCESS | (Source and destination data is same) COMPARE_ERROR | (Followed by the offset of first mismatch) COUNT_ERROR (Byte count is not multiple of 4) | ADDR_ERROR | ADDR_NOT_MAPPED | PARAM_ERROR
Description	This command is used to compare the memory contents at two locations.
Example	"M 8192 1073741824 4<CR><LF>" compares 4 bytes from the RAM address 0x4000 0000 to the 4 bytes from the flash address 0x2000. **Compare result may not be correct when source or destination address contains any of the first 64 bytes starting from address zero. First 64 bytes are re-mapped to flash boot sector.**

6.5.14 Resumo dos códigos de retorno do ISP

Quadro 6.15 Resumo dos códigos de retorno ISP

Return Code	Mnemonic	Description
0	CMD_SUCCESS	Command is executed successfully. Sent by ISP handler only when command given by the host has been completely and successfully executed.
1	INVALID_COMMAND	Invalid command.
2	SRC_ADDR_ERROR	Source address is not on word boundary.
3	DST_ADDR_ERROR	Destination address is not on a correct boundary.
4	SRC_ADDR_NOT_MAPPED	Source address is not mapped in the memory map. Count value is taken in to consideration where applicable.
5	DST_ADDR_NOT_MAPPED	Destination address is not mapped in the memory map. Count value is taken in to consideration where applicable.
6	COUNT_ERROR	Byte count is not multiple of 4 or is not a permitted value.
7	INVALID_SECTOR	Sector number is invalid or end sector number is greater than start sector number.
8	SECTOR_NOT_BLANK	Sector is not blank.
9	SECTOR_NOT_PREPARED_FOR_WRITE_OPERATION	Command to prepare sector for write operation was not executed.
10	COMPARE_ERROR	Source and destination data not equal.
11	BUSY	Flash programming hardware interface is busy
12	PARAM_ERROR	Insufficient number of parameters or invalid parameter.
13	ADDR_ERROR	Address is not on word boundary.
14	ADDR_NOT_MAPPED	Address is not mapped in the memory map. Count value is taken in to consideration where applicable.
15	CMD_LOCKED	Command is locked.
16	INVALID_CODE	Unlock code is invalid.
17	INVALID_BAUD_RATE	Invalid baud rate setting.
18	INVALID_STOP_BIT	Invalid stop bit setting.
19	CODE_READ_PROTECTION_ENABLED	Code read protection enabled. Available as of Bootloader rev. 1.61

CAPÍTULO 7

CONCLUSÃO

Este projeto foi bem sucedido no desenvolvimento de um Robô Rover Autónomo que pode ser utilizado para detetar a presença humana em áreas remotas com caraterísticas como

- Captura de imagens
- Deteção de som
- Prevenção automática de objectos e
- Transmissão e controlo através de rede wifi.

O sistema foi capaz de ultrapassar as dificuldades do sistema existente e foi capaz de ser

- Independente de qualquer fabricante de hardware ou software sem perder qualquer funcionalidade das versões antigas do robot.
- A segunda é que foi possível aumentar a evolutividade e a qualidade do sistema de controlo utilizando uma poderosa biblioteca robótica padrão em vez de funções caseiras.

APÊNDICES

Opção explícita

Private intStockCnt As Integer

Dim port As String

Dim data_cam As String

Dim a As Boolean

Dim temp As String

Dim data2 As String

Dim val1 As Integer

Dim val3 As Integer

Dim val2 As Integer

Dim intMsg As String

Dim celsius As String

Dim dist As String

Dim obst As String

Dim help As String

Dim camFlag As Integer

Dim data As String

Dim data1 As String

Dim dataOn As Integer

Dim flagrec As Integer

Dim length As Integer

Dim flagrec2 As Integer

Dim leng As Integer

Dim FLAGS As Integer Dim snapFlag As Integer Dim start As Integer Dim i As Integer

Dim temperature As String

Dim luz As String

Dim sound As String

Dim temperatura1 As String

Dim luz1 As String

Dim sound1 As String Dim tempData As String

Private Sub cmdAuto_Click() Sock2.SendData "#A" cmdBack.Enabled = False cmdFront.Enabled = False cmdLeft.Enabled = False cmdRight.Enabled = False End Sub

Private Sub cmdBack_Click() Sock2.SendData "#B"

End Sub

Submarino privado cmdConnect_Click()

Em caso de erro, ir para o erro:

Se cmdConnect.Caption= "CONNECT" Then

'Com Sock1

'.Fechar

'.LocalPort= "2021"

"Ouvir

'Terminar com

Com Sock2

.Fechar

.LocalPort = 2020

.ouvir

```
Terminar com
cmdConnect.Caption= "DISCONNECT"
Sair do submarino
Fim Se
Se cmdConnect.Caption= "DISCONNECT" Then
Sock2.Close
cmdConnect.Caption= 'CONNECT"
lblsize.Caption= "Desconectado"
Sair do submarino
Fim Se
Err:
"MsgBox ("ERROR" & err.Description & vbCrLf)
End Sub
Private Sub cmdExit_Click( Index As Integer )
Fim
End Sub
Private Sub cmdFront_Click()
Sock2.SendData "#F"
End Sub
Private Sub cmdLeft_Click()
Sock2.SendData "#L"
End Sub
Private Sub cmdManual_Click()
Sock2.SendData "#M"
```

```
Sock2.SendData "#S"
cmdBack.Enabled = True
cmdFront.Enabled = True
cmdEsquerda.Ativado = Verdadeiro
cmdRight.Enabled = True
End Sub
Private Sub cmdRight_Click()
Sock2.SendData "#R"
End Sub
Private Sub cmdSnap_Click() snapFlag = 1
Sock2.SendData "#C"
Command1.Enabled = False
End Sub
Private Sub cndHF_Click()
End Sub
Private Sub cmdStop_Click()
Sock2.SendData "#M"
Sock2.SendData "#S"
End Sub
Private Sub Command2_Click()
End Sub
Private Sub Form_Load()
Em caso de erro Ir para o erro
Command1.Enabled = False
```

```
Temporizador2.Ativado = Falso
i = 1
início = 0
cmdBack.Enabled = Verdadeiro cmdFront.Enabled = Verdadeiro cmdLeft.Enabled = Verdadeiro cmdRight.Enabled = Verdadeiro lblHigh.Visible = False lblObjHigh.Visible = False lblObjLow.Visible = False lblSndHigh.Visible = False lblSndLow.Visible = False
intSockCnt = 0
luz = " "
som1 = " "
temperatura1 = " "
Timer1.Enabled = False Matar "c:\sample.jpg"
errar:
End Sub
Private Sub Sock2_Close() Sock2.Close
End Sub
Private Sub Sock2_ConnectionRequest(ByVal requestID As Long)
Se Sock2.State <> sckClosed Then
Sock2.Close
Fim Se
Sock2.Accept requestID
lblsize.Caption= "connected"
Temporizador2.Ativado = Verdadeiro
End Sub
Private Sub Sock2_DataArrival(ByVal bytesTotal As Long)
```

```
Em caso de erro Ir para o erro

Sock2.GetData dados, vbString

início = 0

Dim data1 As String

i = 1

txtLog.Text = dados

Se snapFlag = 0 Então

'If Len(tempData)< 32 Then

tempData = tempData & data

'Outro

'Enquanto (i<100)

If Mid(data, 1, 1) = "$" And Mid(data, 10, 1) = "*" Then data1 = Mid(data, 2,9) 'start = i + 1

luz = Mid(dados1,1,2)

temperatura = Mid(data1,3,2)

sound = Mid(data1,5,2)

If temperature <> " " And temperature1<> temperature Then txtTemp(0).Text = temperature & "Celsius" temperature1 = temperature

Fim Se

Se luz <> " " E luz1<> luz Então txtPressure.Text = luz & "%" luz1 = luz

Fim Se

If sound <> " " And sound1<> sound Then

txtSom.Texto = som & "%"

som1 = som

Fim Se
```

```
If Mid(data1,7,1)=  "H" Then lblHigh.Visible = True End If

If Mid(data1,8,1)=  "H" Then lblObjHigh.Visible = True lblObjLow.Visible = False
Else

lblObjHigh.Visible = False lblObjLow.Visible = True End If

Fim Se

'Fim Se

'i=i+1

'Wend

'Fim Se

Além disso

Se (Mid(data,1,1)=  "%") Então

Comprimento = Mid(dados,2,6)

BANDEIRAS = 1

Além disso

Se snapFlag = 1 And FLAGS = 1 Then data_cam=  data_cam & data

If(leng<=  length) And FLAGS = 1 Then txtLog.Text=  data_cam lblsize.Caption=
"Ficheiro de receção" leng = leng + bytesTotal

Temporizador1.Ativado = Verdadeiro

Rótulo5.Legenda = "Restante: "& (CInt(Iength) - CInt(Ieng))

Ir para a etiqueta

Outro

If(leng > length) And FLAGS = 1 And leng <> 0 Then

Val1 = 1

'T1

Temporizador2.Ativado = Verdadeiro
```

```
Fim Se
Fim Se
Fim Se
Fim Se
Fim Se
Etiqueta:
dados = " "
dados1 = " "
início = 0
errar:
End Sub
Privado Sub T1()
Se val1 = 1 Então
val1 = 0
Rótulo5.Legenda = " "
Temporizador1.Ativado = Falso
Open "c:\sample.jpg" For Output As #1
Imprimir #1, Mid(data_cam, 1, Len(data_cam))
Fechar#1
Lblsize.Caption=  "Terminado"
snapFlag = 0
'Form2.Show
'data_cam=  " "
'Sock2.Close
```

```
'Sock2.Listen
Fim Se
End Sub
Privado Sub T2()
Em caso de erro, ir para o erro:
Dim retVal
retVal = Shell("C:\windows\system32\mspaint.exe
c:\sample.jpg",vbMaximizedFocus)
errar:
End Sub
Private sub Timer1_Timer()
If val2=length And leng<>  0 And lblsize.Caption <> "Finished" Then
val1 = 0
val2 = 0
Temporizador1.Ativado = Falso
Open "c:\sample.jpg" For Output As #1
Print#1, Mid(data_cam,1,Len(data_cam))
Fechar #1
lblsize.Caption=  "Ficheiro de receção"
val1 = 0
Label5.Caption=  " "
Dim retVal
retVal = Shell("C:\windows\system32\mspaint.exe c:\sampel.jpg", vbMaximizedFocus) 'data_cam=  " "
```

```
Além disso
val2=leng
Fim Se
End Sub
Private Sub Timer2_Timer()
Se val1 = 1 Então
val1 = 0
Label5.Caption= " "
Temporizador2.Ativado = Falso
Temporizador1.Ativado = Falso
Open "c:\sample.jpg" For Output As #1
Print#1, Mid(data_cam,1,Len(data_cam))
Fechar#1
Lblsize.Caption= "Terminado"
snapFlag = 0 'Form2.Show = 0 'data_cam= " " 'Sock2.Close 'Sock2.Listen
Command1.Enabled = False data_cam= " "
Fim Se
End Sub
```

REFERÊNCIAS

1. Nabil Litayem, Meftah Ghrissi, Ahmed Karim Ben Salem, Slim Ben Saoud Lecap - EPT - INSAT - BP676, 1080 Tunis Cedex, Tunísia, "Designing and Building Embedded Environment for robotic control application", Proceedings IEEE.

2. UM10120 Volume 1: LPC 213x Manual do utilizador Rev: 01-24 junho 2005.

3. Manual do utilizador do C328R Nota de lançamento: 1, 28th de junho de 2007 lançamento oficial para o número de modelo alterado de C328 para C328R.

4. HD44780U (LCD-II) Controlador / Controlador de ecrã de cristais líquidos de matriz de pontos HITACHI Manual do utilizador.

5. Maxim +5v - alimentado, multicanal RS - 232 Drivers / Receptores.

6. J.Epplin, "RT-Linux as an embedded operating system", Embedded System Programming, outubro de 1997.

7. X.Feng, T.L.Beker e S.A.Velinsky, "Long reach robotic manipulator for advanced highway maintenance and construction equipment", in Proc.Romansy 12, Theory and Practice of Robots and Manipulators, 12th CISM - IFToMM Symp., Paris, França, julho de 1998, pp.309-316.

8. Manual de referência técnica do ARM7TDMI-S; descarregado de http://www.atmel.com

9. http://www.fairchildsemi.com

Printed by Books on Demand GmbH, Norderstedt / Germany